Foto: Martin Demmel/Okapia

Jetzt komme ich!

Besonders elegant sieht die Landung des Wiedehopfs zwar nicht aus, doch wenigstens ist der Untergrund sandweich. Schon im Flug ist der Vogel mit der auffälligen Federhaube unverkennbar: Auf mehrere lange, durchgezogene Flügelschläge folgen einige kurze, flatternde – so gaukelt der Wiedehopf in Wellen durch die Lüfte. Das etwa drosselgroße Tier liebt trockene, nicht zu baumreiche Gebiete mit kurzer, zuweilen spärlicher Vegetation, wie hier im Biosphärenreservat Mittelelbe in Sachsen-Anhalt. Was hat den Vogel wohl dazu bewogen, auf diesem Sandberg zu landen? Vielleicht der Hunger. Denn Wiedehopfe gehen nur am Boden auf Nahrungssuche: Zur Leibspeise gehören Insekten wie Heuschrecken, Maulwurfsgrillen und Käfer, auch Spinnen oder Eidechsen werden nicht verschmäht. Im Untergrund verborgene Beutetiere ertastet der Vogel, indem er mit seinem spitzen, gebogenen Schnabel im Boden herumstochert. Zuweilen erweitert der Wiedehopf ein solches „Stocherloch": Dann läuft er – den Schnabel in den Sand gesteckt – mehrmals im Kreis herum. Hat er ein größeres Insekt dingfest gemacht, schlägt er seine Beute oft gegen einen Stein, wirft sie sodann hoch in die Luft. Und verschluckt sie in einem Haps.

Schützen, was wir lieben
Welche Landwirtschaft brauchen wir? Was kommt nach Kohle und Öl? Ist die Artenvielfalt zu retten? Antworten auf die großen Fragen der Nachhaltigkeit: im neuen GEO EXTRA

Entdecken Sie die Natur! Mit Peter Wohlleben und dem Redakteur Rainer Harf

Liebe Leserinnen, liebe Leser!

Es mag ernüchternd klingen: In Deutschland gibt es wohl kein einziges Fleckchen vollkommen unberührter Natur mehr. Damit ist gemeint: vom Menschen nie angetastete Wildnis. Seit vielen Jahrtausenden wird in unseren Breiten gejagt und geerntet, gezüchtet und gesät, abgeholzt und aufgeforstet, gesiedelt und gebaut. Das heißt: Natur durch Menschenhand geformt.

Ursprünglich waren weite Teile des Landes mit üppigem Urwald bedeckt, in dem mächtige Buchen und Eichen ihre Kronen ausbreiteten. Heute ist dieser Wald verschwunden. Für immer? Nein, das muss nicht so sein.

Denn die gute Nachricht ist: Die Natur kann sich selbst heilen, sie kommt wieder. Verlässlich! Und der Weg dahin ist nicht einmal kompliziert: Man muss die Natur einfach in Ruhe lassen. Man muss – auch wenn das vielen von uns schwerfällt – Kontrolle abgeben. Dann erleben wir Wunderbares: Der Wald, er pflanzt sich von ganz allein. Das kann jeder Garten- oder Balkonbesitzer ohne Schwierigkeiten testen.

Vorherige Ausgaben von WOHLLEBENS WELT sind im GEO-Shop erhältlich

Lesen Sie mehr über die erfreulichen Selbstheilungskräfte der Natur – und darüber, welche positiven Überraschungen der eben genannte Kontrollverlust mit sich bringen kann (Seite 76).

Ohnehin steckt diese Ausgabe voller Tipps, Überraschungen zu erleben.

Wer sich zum Beispiel mit Tierspuren beschäftigt, dem eröffnet sich eine ganz neue Welt (Seite 56). Ein Fenster in die Natur: Wer ist hier schon langgelaufen – ein Marder, ein Fuchs oder gar ein Luchs?

Überraschungen warten auch auf jene, die ein paar Nächte wild zelten (Seite 26). Ist das legal in Deutschland? Ja, an einigen Stellen darf man mitten in der Natur sein Quartier aufschlagen. Und es lohnt sich!

Lassen Sie sich inspirieren und genießen Sie die Natur.

Herzlich Ihre

Botanik Was blüht denn da? Oftmals schwer zu beantworten. Doch es gibt eine Reihe von Apps für das Smartphone, die bei der Bestimmung von Pflanzen helfen können. Seite 100

Bienen Die fleißigen Insekten sind erstaunlich intelligent: Inzwischen weiß die Forschung viel darüber, was in den winzigen Köpfen der Honigsammlerinnen vor sich geht. Seite 16

Geben wir der Natur genügend Raum, erleben wir tolle Überraschungen!

Auf der Insel Vilm bei Rügen wachsen mächtige Bäume wie diese Eiche *Seite 8*

Mehr als
1000
Jahre alt kann manche mächtige Eiche werden

Näher an der Natur geht nicht: wildes Zelten mitten in Deutschland *Seite 26*

Rückkehrer: Als Sommergäste kommen jedes Jahr die Schwalben zu uns *Seite 66*

Spuren bergen Geheimnisse. Welche? Das zeigt eine Fährtenleserin *Seite 56*

Lassen wir Flächen in Ruhe, kommt die Natur von ganz allein zurück *Seite 76*

Akustik Der Knurrhahn macht seinem Namen alle Ehre, wenn er bestimmte Laute von sich gibt. Doch warum äußert er sich so geräuschvoll? Sind Fische nicht eigentlich stumm? Seite 54

Lebensraum Obwohl ein Bach ständig in Bewegung ist, bietet er Zuflucht für eine verblüffende Vielzahl von Organismen, die Tricks anwenden, um nicht fortgespült zu werden. Seite 86

Inhalt

Sommer 2021

Die kleinste Maus Europas ist eine akrobatische Kletterkünstlerin
Seite 90

Kommunikation: Katzen haben eine ganz eigene Sprache. Wie lässt sie sich verstehen?
Seite 36

Weshalb Bienen nicht nur fleißig sind, sondern erstaunlich schlau
Seite 16

Warum manche Insekten diese wunderschöne Blüte sexuell anziehend finden
Seite 98

Hier thronen die alten Stämme an der Abbruchkante der schroff abfallenden Felsen

Auf der Insel Vilm bei Rügen wachsen mächtige Bäume wie diese Eiche

Buchen mögen es nicht besonders nass, doch dort, wo es Steilküsten gibt, wie hier auf Rügen, können Buchenwälder üppig gedeihen

Wo der Wald auf das Meer trifft

Mit einem Zuviel an Wasser kommen etliche Pflanzen schlecht zurecht. Auch Salz stellt die Gewächse vor Schwierigkeiten. Und doch sprießen in Meeresnähe Gräser, Sträucher, ja teils prachtvolle Wälder. Wie meistern die Pflanzen diese Herausforderung?

Text: Peter Wohlleben

Die Schwarz-Erle
Sie kommt gut mit viel Wasser zurecht und kann auch in Überschwemmungsgebieten gedeihen, wo sie teils Auenwälder bildet

Stehen Pflanzen zu lange im Wasser, drohen sie zu ersticken

Buchen und Wasser sind auch ohne das Meer zwei Dinge, die kaum vereinbar sind. Unsere von Natur aus häufigste Baumart verträgt nämlich keine nassen Füße. Werden ihre Wurzeln länger als zwei, drei Wochen von Wasser überdeckt, etwa bei Überschwemmungen im Frühjahr, dann stirbt der ganze Baum ab. Die unterirdischen Ausläufer ersticken ohne Frischluftzufuhr, weshalb Buchen auch in verdichteten Böden oder solchen mit hohen Grundwasserständen nicht tief wurzeln können. Deshalb findet man direkt an Bachläufen meistens Erlen, die mit solchen Situationen wesentlich besser zurechtkommen.

Hoch über den Wellen

Und doch kann die Buche an der Ostseeküste geradezu als Wappenbaum gelten, zumindest dort, wo es Steilküsten gibt, wie beispielsweise auf Rügen. Hier thronen die alten Stämme unmittelbar an der Abbruchkante der berühmten Kreidefelsen, hier geht der Strand nach einem steilen Anstieg sofort in alten Laubwald über. Einen echten, direkten Kontakt von Wald zu Meer gibt es dadurch aber nicht. Es bliebe nur die salzige Gischt, die mit einem scharfen Wind bis in den Wald geweht werden kann und dort schaden könnte. Doch während die Nordsee einen Salzgehalt von 3,5 Prozent aufweist, liegt der Wert vor der Ostseeküste nur bei rund einem Prozent. Die Ostsee ist ja nur durch eine schmale Meeresverbindung zwischen Dänemark und Schweden, dem Kattegat, mit der Nordsee verbunden. Hier strömt salziges Atlantikwasser in die Ostsee, doch die Flüsse rund um dieses kleine Meer verdünnen es ständig.

Mit Meerblick Hier oben sind die Buchen auf Rügen vor dem salzigen Wasser gut geschützt

Selbst wenn ein wenig Salzgischt die alten Buchenwälder erreicht, spült sie der nächste Regen stark verdünnt in die tieferen Bodenschichten.

An einer Stelle zeigt der Laubwald ganz besonders, wie er gegen die Salzgischt kämpft: Im Nienhagener Gespensterwald in der Nähe von Warnemünde.

Die Bäume der ersten Reihe nahe am Strand zeigen nur einseitige Kronen, vom Wasser weggerichtet. „Windflüchter“ nennt man solche Individuen, »→

Ebbe und Flut Der Tidenhub an der Nordseeküste kann bis zu drei Meter betragen, an der Ostsee dagegen nur 30 Zentimeter.

Im ewigen Nass Torfmoose gedeihen in Mooren – absterbende Pflanzenteile mancher Arten bilden teils dicke Torflagen.

Evolution Alle Landgewächse stammen von Wasserpflanzen ab – wahrscheinlich von Vorläufern heutiger Grünalgen.

OSTSEE

Auf Kreidefelsen

Die salzige Gischt wäscht der nächste Regen wieder weg

Den Buchen auf Rügen kommt auch gelegen, dass die Ostsee mit einem Prozent einen sehr geringen Salzgehalt aufweist

OSTSEE

Gespensterwald

Hier zeigt sich, wie die Bäume mit Wind und Wasser kämpfen

Nienhagener Gespensterwald: Die Kronen der Bäume, die an forderster Front wurzeln, neigen sich vom Meer ab – sie werden auch »Windflüchter« genannt

Rund
3,5
Prozent Salzgehalt hat die Nordsee

NORDSEE

Im Sand

Manche Pflanzen haben gelernt, mit Salz klarzukommen

Europäischer Queller
Auch Meerfenchel wird das fleischige, salztolerante Gewächs genannt

Strandflieder Er gehört zu den »Halophyten« – den Salzpflanzen – und kann selbst im Spritzwasserbereich der Küsten problemlos gedeihen

Gibt es nur zeitweise Überschwemmungen, können Wälder Fuß fassen

die den scharfen Böen mit ihrer Fracht aus Salzwasser ausweichen.

Damit haben wir die zwei bestimmenden Faktoren schon kennengelernt: Wasser und Salz. Bei purem Süßwasser können Wälder gut Fuß fassen. Gibt es nur zeitweise Überschwemmungen, was typischerweise entlang von Flüssen der Fall ist, so entstehen Auwälder. Pappeln und Weiden sind Beispiele für Arten, die auch mit monatelangem Hochwasser gut zurechtkommen können (die Buche hält noch nicht einmal zwei Wochen aus).

Kommt dagegen Salz ins Spiel, dann wird es schwierig. In den Tropen gibt es Waldökosysteme, die sich auf stehendes Salzwasser bestens eingestellt haben: die Mangroven. Sie können über Drüsen an ihren Blättern überschüssiges Salz einfach ausscheiden und sich so des eigentlich tödlichen Stoffs entledigen.

Heimische Baumarten haben diesen Trick leider nicht auf Lager, ganz im Gegenteil. Das wird nach heftigen Schneefällen im Winter und entsprechenden Streusalzeinsätzen entlang der Straßen sichtbar. Im kommenden Frühjahr treiben dann etliche der Straßenbäume nicht mehr aus, weil ihre Wurzeln so geschädigt wurden, dass sie kein Wasser mehr aufnehmen können.

Vom Meer umspült Im Wattbereich der Nordsee bildet der Queller teils sattgrüne Wiesen

Salziger Schweiß auf den Blättern

Warum heimische Bäume keinen Mechanismus entwickelt haben, um unter salzigen Bedingungen zurechtzukommen, ist nicht bekannt. Denn dass dies möglich wäre, beweist eine Reihe kleinerer Pflanzen. Der Strandflieder etwa reagiert wie die Mangroven und schwitzt das Salz über die Blätter aus.

Der Queller hingegen macht seinem Namen alle Ehre: Er lagert in seine Zellen Süßwasser ein und verdünnt so die giftige Fracht. Ganz ohne Salz kann der Queller allerdings auch nicht leben, denn sonst könnte er kein Wasser aus dem Meeresboden aufsaugen – dieses wird ja durch osmotische Kräfte vom Salz angezogen.

Aber zurück zu heimischen Küstenwäldern an salzigeren Gestaden. Im Nordseebereich gibt es keine echten Küstenwälder wie an der Ostsee, entsteht kein Zusammentreffen zwischen Bäumen und Meer. Die Nordseeküste ist nicht von Felsen, sondern vom Wattenmeer ⇛

Meeresbrise Der typische Ozeanduft wird von Abermillionen einzelligen Algen – Phytoplankton – hervorgerufen.

Schmackhaft Der Queller ist ein pfeffriges Wildgemüse und kann als Rohkost, blanchiert oder als Beilage gegessen werden.

Tierreich Seevögel wie Albatrosse werden überschüssiges Salz los, indem sie es mittels Drüsen über den Nasengang ausscheiden.

Mangroven können Salz über Drüsen an ihren Blättern ausscheiden

Eine typische Mangrove Diese hübschen Tropenbäume sind perfekt ans Salzwasser angepasst und bilden teils ganze Wälder in Uferzonen

geprägt. Selbst das Hinterland ist flach, überall sind die Auswirkungen der Eiszeiten zu spüren. Der Boden ist sandig von den Ablagerungen der Gletscher, die Küste durch starken Tidenhub, den Unterschied zwischen Ebbe und Flut geprägt.

Bei Stürmen kann das Wasser auch weiter landeinwärts getrieben werden oder in Extremfällen sogar dauerhaft dort bleiben, wie nach der letzten verheerenden Sturmflut 1634, wo große Landstriche verloren gingen und mehr als 8000 Menschen starben.

Kein Ort für Bäume

Unter solch wechselhaften Verhältnissen hat Wald einen schweren Stand, zumal das Hinterland auch nicht viel günstiger ist: Hier sind es Moore, die Bäumen Schwierigkeiten bereiten. Da wundert es nicht, dass direkte Begegnungen von Wald und tosendem Meer an der Wattenmeerküste fehlen.

Trotzdem versuchen viele Insulaner, kleine Wäldchen zu schaffen. Schon seit rund 200 Jahren werden beispielsweise auf Sylt erfolgreich Bäume gepflanzt; die Waldfläche hat immerhin 180 Hektar Größe erreicht und damit zwei Prozent der Inselfläche.

Dünenwuchs Der zu den Süßgräsern zählende Strandhafer, vom Nordseewind durchweht

Die raue Nordsee hat aber noch eine weitere Gefahr für Bäume im Gepäck. Ungehindert treffen hier Tiefdruckgebiete auf Land, kein Gebirge schützt die Bäume und bremst die Wucht der Böen.

Hinzu kommt der Untergrund: Er besteht überwiegend aus Sand, in dem die Bäume nicht besonders fest wurzeln. So traf der Orkan „Anatol“ 2019 mit 190 km/h auf Sylt und warf dort zahlreiche Bäume um. Zur Einordnung: Fichten beginnen bereits ab einer Windgeschwindigkeit von 100 km/h umzukippen, sofern sie die Höhe von 25 Metern überschritten haben.

Daher bleiben Inselbäume in der Regel eher kleinwüchsig, ducken sich weg und richten ihre Krone aus dem Wind. Von der Seite gesehen wirkt so ein Baum wie eine im Sturm erstarrte Fahne. Bäume spüren diese Kräfte und bauen ihre Kronen so auf, dass sie möglichst wenig Widerstand bieten und kaum Äste abbrechen können. Derartig stromlinienförmige Küstenbäume können auch als eine Art Kompass genutzt werden, dessen Nadel, die Krone, ins rettende Inland zeigt – dorthin, fern von der Küste, wo Bäume sich von Natur aus am wohlsten fühlen. ●

Erstbewuchs Strandpflanzen spielen eine wichtige Rolle als Pioniere und tragen zur Küstenbefestigung und Landgewinnung bei.

Rekord Die größten Mangrovenwälder, die Sundarbans, wachsen auf 10 000 km² an der Küste Bangladeschs und Indiens.

Meeresgewächs Das Seegras ist eine marine Blütenpflanze, die unter Wasser ganze Wiesen bildet: wichtige Laichplätze für Fische.

Das Wissen der Bienen

Der Verhaltensforscher Jürgen Tautz erklärt die erstaunliche Intelligenz der Honigbienen – und welchen Gefahren sie heute ausgesetzt sind

Interview: Regina Franke und Rainer Harf
Fotos: Ingo Arndt

Ist eine Biene nur einmal auf einer Blütenpflanze gelandet, vergisst sie fortan nie mehr deren speziellen Duft

Wald-WG

Für den Nestbau bevorzugen Honigbienen hoch gelegene, vom Boden schwer erreichbare Höhlen – etwa den ehemaligen Unterschlupf eines Spechtes

Besiedeln Bienen eine neue Nisthöhle, bilden sie eine Traube an deren Decke – und beginnen dort sofort mit dem Wabenbau

Kooperation

Königin
Größe: 18–22 mm
Lebensdauer: 3–4 Jahre

Drohne
Größe: 15–17 mm
Lebensdauer: 1–3 Monate

Arbeiterin
Größe: 12–15 mm
Lebensdauer: 4–7 Monate (im Winter); 2–6 Wochen (im Sommer)

Bis zu

50000

Arbeiterinnen leben sommers in einem Volk

Auch außerhalb des Nests sind die Tiere hochsozial – und kommunizieren etwa über Duftstoffe miteinander

Verstärkung

Frisch geschlüpft heißt es für diese Biene: Die Arbeit ruft! Sie weiß genau, welche Aufgabe im Stock gefragt ist

Unseren Vorfahren muss *Honig* wie eine Speise der Götter erschienen sein

Prof. Dr. Jürgen Tautz, *Jg. 1949, ist Emeritus am Biozentrum der Universität Würzburg und einer der führenden Bienenexperten in Deutschland.*

WOHLLEBENS WELT: Herr Professor Tautz, wie schlau sind Honigbienen?
PROF. JÜRGEN TAUTZ: Aus Experimenten wissen wir viel darüber, was in den winzigen Köpfen von Bienen vor sich geht – und allein schon das einzelne Insekt verblüfft uns durch seine Intelligenz. Nehmen wir etwa die ausgeprägte Lernfähigkeit von Honigbienen: Sie lernen enorm schnell, besitzen ein geradezu phänomenales Gedächtnis.

Wie zeigt sich diese Lernfähigkeit?
Nach nur wenigen Ausflügen aus ihrem Stock prägt sich eine Jungbiene dessen Umgebung genau ein. Sammelbienen vollbringen bei ihren Exkursionen im Gelände schier unglaubliche Navigationsleistungen, wenn sie beispielsweise von einer bis zu zehn Kilometer entfernt liegenden Pollen-Sammelstelle zurückkehren müssen ins heimische Nest. Sie registrieren, wo welche Blüten zu welcher Tageszeit lohnende Mengen an Nektar spenden, und sie unterscheiden dabei eine Vielzahl von Farben, Mustern und Düften. Zudem besitzen Honigbienen – anders als andere Bestäuberinsekten – die Eigenschaft der Blütenstetigkeit.

Was bedeutet das?
Wenn eine Biene morgens Glockenblumen besucht, bleibt sie den Tag über konstant bei dieser Pflanzenart – zu deren Nutzen. Denn so tragen die Bienen keine Glockenblumenpollen zu einer Kirschblüte, wo sie ja verschwendet wären. Das funktioniert aber natürlich nur, wenn sich ein Insekt verschiedenste Blüten merkt. Und diese Fähigkeit ist nicht etwa genetisch angelegt, sondern wird von der Biene erst erworben. Sie kommt quasi als Tabula rasa zur Welt: Sie weiß nichts, doch sie lernt alles, und das auf Anhieb. Ist sie nur ein einziges Mal auf einer Salbeiblüte gelandet, vergisst sie fortan nie mehr deren speziellen Duft.

Noch viel spannender wird es allerdings, wenn Sie die Intelligenz eines ganzen Bienenvolks betrachten. Zehntausende von Tieren bilden einen durchorganisierten Staat und vollbringen zusammen verblüffend komplexe Leistungen – zu denen wäre das Einzelinsekt niemals fähig.

Die Königin ist die Einzige, die Nachkommenschaft erzeugen kann. Bis zu 2000 Eier am Tag legt sie ab. Arbeiterinnen füttern und putzen sie rund um die Uhr

Können Sie ein Beispiel nennen?
Die Arbeitsbienen konstruieren etwa beim Beziehen eines neuen Domizils in genau austarierter Arbeitsteilung ein Brutnest aus Tausenden perfekt geformten Wabenzellen, stellen den Baustoff – das Wachs – dabei selbst her, regulieren später die Temperatur im Nest auf optimale Werte. In meinen Augen funktioniert ein Bienenvolk eigentlich wie ein „Pseudogehirn": Honigbienen verhalten sich, analog zu Nervenzellen im Gehirn, wie einzelne Bausteine des Ganzen. Und wie die Neurone kommunizieren sie, stimmen sich ab und agieren gemeinsam. Und das, obwohl sie – anders als Nervenzellen – unabhängig voneinander mobil sind. Ein Bienenvolk funktioniert damit wie ein Superorganismus. Daher sprechen wir auch vom „Bien".

Und nun sind diese schlauen, uns so sympathischen Insekten offenbar vom Aussterben bedroht. Ist es wirklich so dramatisch?
Wir stehen vor einigen wirklich besorgniserregenden Problemen. »→

Jede Arbeiterin vermag jeden geforderten Job sofort auszuführen – sie kommt gleichsam als Allzweckwerkzeug zur Welt.

Auf der Suche nach Nektar legen Bienen immense Wege zurück: Für ein Glas Honig müsste ein Tier zweimal die Welt umrunden.

Der Giftstachel der Bienen entwickelt sich aus einer Eilegeröhre – männliche Tiere können daher nicht stechen.

Eine weibliche Biene entfernt einen männlichen Artgenossen aus dem Nest

Bei einem Nistwechsel bleibt der Schwarm zusammen und wartet, bis einzelne Kundschafterinnen mit Nachrichten zurückkehren

Arbeiterinnen überwachen permanent den Zustand der Wabenzellen

Eine Arbeiterin versorgt die andere mit Nahrung. Das für den Bau der Wabenzellen nötige Wachs stellen die Bienen selbst her: Sie schwitzen es aus speziellen Drüsen aus

Mehr als

200 000

Wabenzellen umfasst das Nest eines großen Volks

Die *Honigbiene* spielt eine Schlüsselrolle im Artenschutz: Was ihr hilft, nützt auch anderen

Eines davon ist, wenn man so will, hausgemacht: der Befall der Völker durch die gefährliche Varroamilbe. Diesen importierten Bienenparasiten werden wir nicht mehr ausrotten können, Ziel kann hier nur eine Koexistenz von Bienen und Milben sein.

Dann das Problem der modernen Intensivlandwirtschaft mit ihren riesigen Monokulturen. Das Nahrungsangebot wird immer einseitiger, die Blühperioden sind extrem eingeengt. Bienenvölker können dadurch heutzutage sogar im Sommer verhungern!

Wenn wir von Bienen sprechen, verstehen Laien darunter sicher meist die Honigbienen beim Imker. Geht es auch anderen, wild lebenden Bienenarten schlecht?

In Deutschland sollten knapp 600 Wildbienenarten leben – doch die jährliche Bestandserfassung hat erschreckenderweise offenbart, dass wir uns aktuell der Hälfte dieser Zahl nähern. Wildbienen – die mit Ausnahme der Hummel solitär und nicht in Staaten leben – dürfen wir übrigens nicht verwechseln mit wild lebenden Honigbienen. Denn auch die existieren, vom Menschen weitgehend unbemerkt, in unseren Wäldern.

Wie geht es diesen freien Honigbienen-Kolonien?

In ihrem angestammten Lebensraum, den Wäldern, geht es denen nach allem, was wir wissen, sehr gut. Offenbar haben sie sich mit Parasiten und Krankheiten arrangieren können. Und es gibt viel mehr dieser wild lebenden Völker, als mein Forschungsteam und ich zunächst gedacht hätten.

Worin liegt der große Unterschied von frei lebenden Kolonien zu den Völkern in menschlicher Obhut?

Ausschlaggebend ist die Einbettung der wild lebenden Honigbienen in ein komplexes Ökosystem. Schon die Baumhöhle als Miniatur-Biotop zeichnet sich durch eine besondere Mit-Lebewelt der Bienen aus. Ein nützlicher Helfer der Bienen, der Parasiten wie die Varroamilbe bekämpft, war bei früheren Imkern sogar gern gesehen: der Bücherskorpion.

Aus den heutigen Bienenbeuten – den von Menschen geschaffenen künstlichen Behausungen – ist das nur wenige Millimeter große Spinnentier leider verschwunden. Viele sicher ebenfalls nützliche Mikroorganismen in den Baumhöhlen – die Bakterien- und Pilzgemeinschaft – kennen wir noch gar nicht.

Bäume wie Eichen oder Buchen blühen nicht jährlich, eine Bienenpopulation kann sich so kaum halten. Deswegen setzen viele Bäume auf Windbestäubung.

Eignen sich die wilden Völker als eine Art eiserne Reserve, auf die die Imkerei bei nicht absehbaren künftigen Problemen einmal zurückgreifen könnte?

In der Tat. Das Wunderbare ist ja: Egal wie lange ein Volk in menschlicher Obhut war – wenn ein Schwarm in den Wald ausbüxt, zeigt sich, dass die Bienen nichts verlernt haben von ihrem natürlichen Verhaltensrepertoire. Unsere Honigbienen sind keine Haustiere, selbst wenn sie derzeit in Deutschland nicht als Wildtier anerkannt werden.

In dem Augenblick, wo sie offiziell als Wildtier gelten würden, wäre zugleich ihr Biotop schützenswert, die Wälder. Und zu bunten, vielfältigen und gesunden Wäldern gehören Bienen als natürlicher Bestandteil dazu.

Ohne sie geht es nicht.

Dieses opulente Buch von Professor Jürgen Tautz und dem preisgekrönten Naturfotografen Ingo Arndt ist im Knesebeck-Verlag erschienen: »Honigbienen – Geheimnisvolle Waldbewohner«

Bienen klimatisieren ihr Nest: Wird es zu heiß, verteilen sie Wasser auf den Waben und erzeugen einen kühlenden Luftzug.

Obwohl sie kein Hörorgan im eigentlichen Sinne besitzen, nehmen Bienen akustische Signale des Untergrunds durch die Füße wahr.

Um Sammlerinnen zu vielversprechenden Zielen zu lotsen, legen Kundschafterinnen unter anderem Duftspuren in der Luft an.

Warum hat das *Eichhörnchen* so einen buschigen Schwanz?

Text und Illustration: Rainer Harf

Er ist wunderbar flauschig und ständig in Aktion: Der Schweif des Eichhörnchens zuckt, wedelt oder rollt sich ein. Und er dient den Nagern in vielerlei Hinsicht – beim Springen, Schlafen und bei der Verständigung

Sie sind die Akrobaten des Waldes: Wie kaum ein anderes Säugetier haben sich Eichhörnchen an ein Leben in den Bäumen angepasst. Hoch oben im wirren Geäst hasten die possierlichen Nager rasant umher, springen in halsbrecherischem Tempo von einer zur nächsten Baumkrone. Auch ihr Quartier beziehen die Tiere in den Bäumen – bauen ein kugeliges Nest aus Zweigen.

Die agilen Nager scheinen ständig in Bewegung. Und besonders ein Körperteil ist selten in Ruhe: ihr buschiger Schwanz. Er zuckt und zittert, wippt und wedelt. Ja, manchmal wirkt es beinahe so, als führe der mehr als 20 Zentimeter lange Schweif ein Eigenleben.

Nicht verwunderlich, dass der auffallend flauschige Part für die Eichkatzen eine überaus wichtige Rolle spielt. Man könnte sogar sagen: Er dient als Multifunktionstool. Beim virtuosen Klettern verschafft er die nötige Balance. Und bei den bis zu fünf Meter weiten Sprüngen dient er den Tieren als Steuerruder: Mit raschen Schwüngen des Schweifes sorgen die Nager dafür, dass sie ihr Ziel in luftiger Höhe nicht verfehlen.

Darüber hinaus hilft der Schwanz bei der Kommunikation mit Artgenossen. Seitliches Wedeln, dazu schnelles Stampfen mit den Pfoten bedeutet zum Beispiel: Ich bin nervös! Rollt ein Eichhörnchen seinen Schwanz auf, lässt ihn dabei zittern und gibt schnalzende Laute von sich, signalisiert es seinem Gegenüber: Sei bloß vorsichtig, ich bin wütend!

Und wenn sich die Nager nachts in ihr Nest zurückziehen, nutzen sie ihren Schweif als wärmende Bettdecke, in die sie sich einkuscheln.

Dass der vielseitig einsetzbare Körperteil an Sommertagen auch noch als Sonnenschirm dient, stimmt jedoch wohl nicht. Auch wenn der wissenschaftliche Name des Eichhörnchens „Sciurus" – sinngemäß: der Schatten spendende Schwanz – darauf hindeutet. ●

Etwa
85
Kilometer lang ist der Soonwaldsteig

Legal in die Büsche

Wildzelten ist in Deutschland verboten? Nicht ganz. Es gibt immer mehr lauschige Waldstücke, in denen ganz offiziell Lager aufgeschlagen werden dürfen. Zum Beispiel entlang des Soonwaldsteigs in Rheinland-Pfalz

Text: Anke Eberhardt Fotos: David Haase

Natur pur!

»Die Bäume, Büsche und Gräser schimmern in allen erdenklichen Grünschattierungen«

Näher an und mit der Natur kann man nicht sein als auf dem Soonwaldsteig: Anke und Sven genießen das Frühstück auf ihrer Terrasse – die Trekkingvariante im Camp Alteburg. Wo genau der Platz liegt, erfahren nur Eingeweihte beziehungsweise Frühbucher

Selbstversorgung

»Schon nach den ersten Metern in der Hitze bilden sich Schweißperlen auf der Stirn«

Gute Miene zum schweren Rucksack: Wasser und Proviant für drei Tage auf dem Rücken mitzuschleppen ist kein Spaziergang

Eigentlich gibt es kein Wasser auf der Strecke. Aber wenn man Glück hat, hat der Förster die Holzkiste am Lagerfeuer aufgefüllt (rechts oben)

Alles, was wir auf unserer *Trekkingtour* brauchen, werden wir tragen müssen

Rund

18

Kilo wiegt ein gepackter Rucksack

Sven hat frühmorgens um sechs den Teig fürs Stockbrot angesetzt – und darf dann das Ergebnis natürlich auch servieren

Zugegeben: Der Soonwaldsteig ist so gut beschildert, dass man keinen Kompass braucht. Aber Spaß macht das Überprüfen der Route trotzdem

Der beste Nachtisch der Welt benötigt in der Zubereitung exakt zwölf Sekunden. Nach etwa vier davon fängt die Haribo-Colaflasche bereits an, im Lagerfeuer zu reagieren. Bei Sekunde acht schäumt das Ding auf dem angespitzten Ast mächtig auf. Kurz bevor es schließlich in die Glut hinunterzuglibbern droht, muss man das zur völligen Unförmigkeit aufgequollene Teil in den Mund stecken. Und dann: wow!

Haribo macht nicht nur Kinder froh, sondern müde Wanderer ebenso. „Da kann man durchaus poetisch werden“, fasst es Lukas zusammen und kramt das letzte Colafläschchen aus der Tüte. Plötzlich erscheint die Kariesbombe wertvoller als das Wasser, das wir den ganzen Tag mit uns durch den Wald getragen haben, bevor wir Lukas und seinen drei Abiturfreunden an besagtem Lagerfeuer begegnet sind.

Auf Verpflegung kommt es an

Und das will etwas heißen. Schließlich waren wir am Morgen im Bad Sobernheimer Supermarkt noch voller Übermut durch die Regale gestreift. Klar kochen wir anständig, nix Fertignahrung. Logisch, das Olivenöl muss auch mit. Und der XXL-Laib Bauernbrot sowieso. Dass es unterwegs auf dem Rheinland-Pfälzer Soonwaldsteig keine Verpflegungsmöglichkeit geben würde, darauf hatte uns die Dame vom Tourismusverband mehrfach hingewiesen. Alles, was wir die nächsten drei Tage auf unserer geplanten Trekkingtour bräuchten, würden wir tragen müssen. Kein Problem, Sven war ja schon wochenlang in Nepal unterwegs, Wille radelt selbst mit dem Surfboard unterm Arm noch schneller als die Jungs in Spandex, Fotograf Peter steht durch das ständige Tragen des Kamera-Equipments eh kurz vor der Qualifikation für die Highland Games, und die schreibende Frau im Team hatte früher in einer Redaktion mal den Website-Login „Breites Kreuz“. We got this.

Nein, haben wir nicht. Leider. Schon nach den ersten Metern, die wir bei drückender Hitze in Richtung Alteburg losmarschieren, bilden sich Schweißperlen auf der Stirn.

Rauf auf den Soonwaldsteig soll es gehen, ein Wochenende Trekking und Wildcampen. Hier gibt es eine der wenigen Möglichkeiten in Deutschland, fernab von einem Campingplatz legal sein Zelt aufzuschlagen.

Würde man Skandinaviern oder Schotten erzählen, dass es hierzulande mit satten Bußgeldern geahndet wird, wenn man unter freiem Himmel schlafen und nicht neben Wohnmobilen samt Gartenzwerg aufwachen möchte, würden die freilich nur den Kopf schütteln. In Norwegen, Schweden, Finnland und Schottland, zum Teil auch in der Schweiz, gilt schließlich das Jedermannsrecht. Das besagt, dass jeder Mann (und jede Frau) das Recht hat, sogar auf Privatgrund für ein bis zwei Nächte zu campieren – ➳

8
BUNDESLÄNDER

74
WILDCAMPING-PLÄTZE

1000 km
WANDERWEGE ZWISCHEN DEN PLÄTZEN

1
ERLAUBTE ÜBERNACHTUNG PRO PLATZ

Nasse Stiefel? Abends Steine im Lagerfeuer erhitzen und anschließend ins durchnässte Schuhwerk packen. Am nächsten Morgen kann man fröhlich und trockenen Fußes weiterwandern.

Himmelsschau Mit der App »Meteor Shower Calendar« verschläft man garantiert keine Sternschnuppennacht mehr. Inklusive: die örtliche Wettervorhersage und die Angabe der Mondphasen.

Rasch stellt sich bei uns *das Gefühl ein,* völlig draußen zu sein

Kleine Freuden

»Wir sind voll im Trekkingmodus: Jeder weiß, wo im Rucksack die Nussriegel verstaut sind«

Luxus mit Herz: Bei jedem Trekkingcamp wartet ein stilles Örtchen auf die Wanderer (Stirnlampe nicht vergessen!)

Wille hat es tatsächlich geschafft: Er hat in seinem Rucksack ein paar Eier heil ins Camp gebracht – und entsprechend gute Laune beim Frühstück

wenn dabei genügend Abstand gehalten, Rücksicht auf Natur und Mensch genommen und der Platz anständig hinterlassen wird. In Deutschland und Österreich ist man hingegen fast überall ein Gesetzloser, sobald man außerhalb eines Campingplatzes seinen Biwaksack aus dem Rucksack zieht.

Auf zu geheimen Orten

Sven, Wille, Peter und ich haben hingegen GPS-Koordinaten im Gepäck. Drei Trekkingcamps gibt es auf dem Soonwaldsteig. Wer die 85 Kilometer - oder einen Teil davon - wandern will, kann dort einen Zeltplatz reservieren und darf für jeweils eine Nacht bleiben. Wo die Feuerstelle und das Komposttoilettenhäuschen mit Herztür genau liegen, erfährt man erst nach der Buchung; eine Karte und besagte Koordinaten werden mit der Bestätigung mitgeschickt. Nach dem ersten Tagesmarsch trudeln wir gerade rechtzeitig am Camp Alteburg ein, um mitzuerleben, wie unsere Zeltnachbarn das erste Haribo-Fläschchen ins Lagerfeuer schieben.

Zugegeben: Dass wir erst bei Einbruch der Dunkelheit an dem ehemaligen Köhlerplatz ankommen, war nicht geplant. Aber den Alteburgturm wollten wir natürlich mitnehmen, schließlich hat man von ihm einen unschlagbaren Ausblick in die Eifel. „Da drüben, hinter dem anderen großen Berg, da wohn ich", sagt Fotograf Peter und ruft bei den drei angereisten Bayern hochgezogene Augenbrauen hervor. „Groß" ist schließlich relativ. Im Voralpenland würde man die dezenten Erhebungen gerade mal als Hügel bezeichnen - und genau darüber sind wir heilfroh. Nie im Leben hätten wir die 18-Kilo-Rucksäcke auf die Zugspitze tragen können. Selbst die überschaubaren Höhenmeter, die wir zurückgelegt haben, um auf die lang gezogene Kuppe des Soonwaldsteigs zu kommen, waren anstrengend genug.

Der höchste Berg des zum Hunsrück gehörenden Quarzitkamms ist gerade mal 657 Meter hoch. Zwischen moosbedeckten Steinen und dichtem Wald herrscht allerdings eine Herr-der-Ringe-Atmosphäre, die man dem rheinland-pfälzischen Mittelgebirge nicht zugetraut hätte.

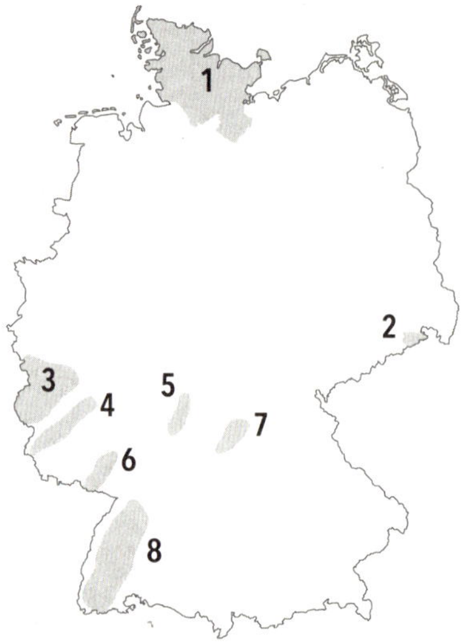

Die Bäume, Büsche und Gräser schimmern in allen erdenklichen Grünschattierungen. Die vielen Quellen machen's möglich.

Wer durch die hohen Fichten und Buchen hindurchstapft, kommt mit jedem Schritt und jedem Schnaufen in einen fast meditativen Rhythmus. Und mit jedem Kilometer gefällt uns der Modus, schneckenartig unser Hab und Gut durch die Landschaft zu tragen, mehr. Warum sich ein Liter Wasser so schwer anfühlt wie zehn, verstehen wir allerdings immer noch nicht.

Nachdem wir am zweiten Tag aus den Zelten gekrochen sind und das Porridge aus dem Campingkochertopf gekratzt haben, dauert es bis zum Nachmittag, bis wir auf einen einzelnen Wanderer treffen. Er sei seit vier Tagen unterwegs, wir seien die Ersten, die ihm über den Weg laufen, erzählt er. ⇸

Auf die Plätze!

Auf diesen Flecken in freier Natur ist Zelten völlig legal

1. Schleswig-Holstein
21 kostenlose Trekkingplätze. Minimaler Komfort, maximale Naturnähe. Einige private Flächen bieten sanitäre Anlagen oder Feuerstellen.
wildes-sh.de

2. Sächsische Schweiz
Es gibt vier Biwakplätze im Elbsandsteingebirge (fünf Euro pro Kopf und Nacht), zudem fünf Trekking-Hütten in der Region (zehn Euro pro Nacht).Der Forststeig verbindet zahlreiche der Schlafplätze.
forststeig.sachsen.de

3. Eifel
Sechs Trekkingplätze mit Holzplattformen, auf denen je zwei Zelte aufgestellt werden können. Für eine längere Tour lockt die Nordeifel, wo vier der Übernachtungsplätze auf gut 69 Kilometern liegen.
trekking-eifel.de

4. Hunsrück
Vier Trekkingplätze, die alle mit Toilette und Feuerstelle ausgestattet sind (zehn Euro pro Zelt). Der Soonwaldsteig kann auf

Buchtipp In »Mikroabenteuer. Das Praxisbuch« skizziert Christo Touren für Städte, Berge und Wälder, für die man weder weit reisen noch eine teure Ausrüstung kaufen muss (HarperCollins).

Mückensalbe Wen nachts Stiche plagen, der kann die betroffene Stelle mit einem Gemisch aus Backpulver und warmem Wasser einreiben: Das lindert das Jucken. Und man kann wieder schlafen.

Den *Wanderschweiß* nimmt inzwischen schon keiner mehr wahr

Mit
816
Metern ist der Erbeskopf der höchste Berg des Hunsrück

Früher wurde hier Kohle gemacht, jetzt wird mit Gas geheizt: Das Trekkingcamp Alteburg (Soonwaldsteig) liegt auf einem ehemaligen Köhlerplatz mitten im Wald. Einen Steinwurf entfernt, bietet der Alteburgturm beste Aussichten über den Soonwaldsteig

Auch deswegen haben wir nach kurzer Zeit schon das Gefühl, völlig draußen zu sein.

Inzwischen sind wir voll im Trekkingmodus. Jeder weiß, wo in seinem Rucksack die Nussriegel verstaut sind, Willes Hund Carlo läuft ganz selbstverständlich vor seinem neuen Rudel her, und dass die T-Shirts als zweite Hautschicht durchgehen könnten, so fest hat sie der Wanderschweiß an den Körper gepappt, nimmt schon keiner mehr wahr. Gemeinsam stinkt sich's eben am schönsten.

Den zweiten Zeltplatz auf der Ochsenbaumer Höhe finden wir am Abend sogar über eine Abkürzung, so selbstverständlich funktioniert die Outdoorintuition mittlerweile.

Und das erhabene Huckleberry-Finn-Gefühl eines Städters, der sich im Wald nicht verläuft, wird nur noch durch das MacGyver-Gefühl übertroffen, als das Zelt in persönlicher Rekordzeit aufgebaut und das Holz fürs Lagerfeuer zwar völlig unnötigerweise, dafür aber umso ambitionierter mit den vorgefundenen Äxten auf die perfekte Größe gebracht ist.

Zeit für das Dinner

Der Teig fürs Stockbrot, den Sven um sechs Uhr morgens vor der Abreise zusammengerührt hat, will endlich in die Flammen gehalten werden. Und als wir da so sitzen und sich zeigt, wer von uns zu den Ungeduldigen zählt, die den Brotklumpen im Nu verkohlt haben, und wer mit etwas mehr Abstand die perfekte Bräune erhält, werden wir schon ziemlich neidisch auf die Schweden, die Finnen und die Norweger.

Zimmer, Küche, Bad auf der Ochsenbaumer Höhe – am Feuer werden auch die Zähne geputzt

Obwohl wir erst zwei Tage unterwegs sind und morgen schon wieder im Auto auf dem Weg zurück zu unseren Innenstadtwohnungen sein werden, fühlt es sich so an, als würden wir nirgendwo mehr hingehören als hier ans Feuer. Und als ob es das Jedermannsrecht verdient hätte, weltweites Menschenrecht zu sein. Die Vorstellung ist ebenso verführerisch wie die Idee, kleine Käsestückchen in den Brotteig zu drücken und heiße, köstliche Fettfäden vom Stock zu ziehen. Und genau das tun wir dann auch – an einem gänzlich legalen Lagerfeuer. In Deutschland.

Peter wird heute in der Hängematte schlafen. Der Regen, der in der Nacht einsetzt, wird ihm nichts ausmachen, so dicht spannen sich die Baumkronen über ihm auf. Hund Carlo wird sich ganz selbstverständlich im Zelt zwischen die zwei Schlafsäcke von Sven und Herrchen Wille legen. Und ich werde am nächsten Morgen zwar aus Gewohnheit über Rückenschmerzen jammern, in Wirklichkeit aber so gut geschlafen haben wie schon lange nicht mehr. Und dafür muss man weder nach Skandinavien fliegen noch nach Schottland. Wenn wir das nächste Mal zum Wildcampen gehen – und das werden wir! –, dann sind wir lediglich so schlau und deponieren vorher Wasser auf der Strecke, damit wir noch ein paar Tage weiterlaufen können.

Und eine Packung Haribo-Colaflaschen, versteht sich.

Bis zu

800

Grad heiß kann ein Lagerfeuer werden

einer Fünftagestour (85 Kilometer Gesamtstrecke) bewandert werden.
soonwaldsteig.de

5. Spessart
Es lässt sich auf drei ausgewiesenen Flächen für je maximal fünf Zelte wildcampen. Dort ist jeweils eine Komposttoilette vorhanden, Feuermachen ist an den festen Feuerstellen gestattet.
trekking-bayern.de

6. Pfälzer Wald
Hier findet sich zumindest in quantitativer Hinsicht Deutschlands Trekkingplatz-Eldorado, wo an 15 ausgewiesenen Stellen gezeltet werden darf.
trekking-pfalz.de

7. Steigerwald
Von April bis Oktober zehn Trekkingplätze für 4,80 Euro pro Nacht. Alle Plätze verfügen über eine Komposttoilette, eine Feuerstelle.
trekkingerlebnis.de

8. Schwarzwald
Sechs Trekkingplätze (von Mai bis Oktober). Alle bieten Feuerstellen und Komposttoiletten (zehn Euro pro Zelt).
naturparkschwarzwald.de

Regenwanderung Es lohnt sich, den ersten Impuls, »zu Hause bleiben!«, zu überwinden: Regenwanderungen sind eine tolle Erfahrung. Und: Selbst touristische Hotspots sind dann menschenleer.

Survival Guide Der Praxisführer »Bushcraft 101« (Anaconda) von Überlebenskünstler Dave Canterbury liefert diverse Tipps zur Vorbereitung für eine Tour in die Wildnis.

Bestens gerüstet!

Ob Trekking, nächtliche Wanderungen oder Lagerfeuerromantik: Gutes Equipment verdoppelt den Spaß. Hier ein paar unserer Lieblingsprodukte

Darf nicht fehlen!
Ein Trinkgefäß – zum Beispiel dieser Emaille-Becher von Soulcover

1. Das perfekte Kuppelzelt für bis zu drei Personen von Jack Wolfskin (230 €) **2.** Federleicht und doch kuschelig warm: der Schlafsack »Sunbeam 15°« von Big Agnes (190 €) **3.** Proviant plastikfrei einwickeln? Mit den Bio-Bienenwachstüchern von Little Bee Fresh (19 €) **4.** Echt hölzern! Das praktische Reisebesteck von Bambuswald passt in jeden Rucksack (17 €) **5.** Anti-Mück-Hautspray: Es wirkt bis zu 6,5 Stunden mit Zitroneneukalyptus (8 €) **6.** Optimal für unterwegs: Die von Olafur Eliasson designte Solarlampe »Little Sun« (25 €) **7.** Schlichtes Design, angenehm hinterlüftet: Der WO SKOMER von Vaude für Damen (90 €) **8.** Kaffee gefällig? Mit dem Edelstahl-Espressokocher von Grönenberg für sechs Tassen (32 €) **9.** Und daraus lässt sich der Kaffee am besten trinken: Emaille-Outdoor-Tasse »STAY WILD« von Soulcover (14 €)

»miiiieeeeppp«

Eine Katze maunzt, knurrt und murrt nicht beliebig. Ihre Laute haben Sinn und System

Was sagst

Mensch und Katze leben in einer engen Beziehung. So innig, dass sie sich miteinander unterhalten können. Wie die Laute der geliebten Gefährten zu deuten sind, erklärt eine Phonetik-Expertin

Interview: Anja Reumschüssel

Wenn eine Katze einen Freund begrüßt, gleichgültig ob Mensch oder Tier, dann »gurrt« sie oft

»gurrrrrrrrrrrr«

du da?

»Es gibt eine Art *universelle Sprache* der Katzen«

Susanne Schötz forscht und lehrt im Bereich Phonetik an der schwedischen Universität Lund

WOHLLEBENS WELT: Frau Professorin Schötz, was bedeutet bei einer Katze ihr „Miau"?
PROF. DR. SUSANNE SCHÖTZ: Ein Miau ist nicht gleich Miau. Als Phonetikerin bin ich geübt, darauf zu achten, wie etwas klingt. Ich analysiere, auf welche Weise Laute zustande kommen, welche Vokale und welche Konsonanten, mit welcher Melodie, Lautstärke oder Rhythmik. Aber auch jeder Laie, der eine Weile einer Katze lauscht, wird rasch merken: Die Lautäußerungen können sehr unterschiedlich sein.

Das Spektrum, in dem sich Katzen ausdrücken, ist größer, als man lange geglaubt hat. Es gibt eine kaum zu überschauende Vielfalt von Variationen, vom klingenden Schnurren bis zum lauten Schreien; manchmal schnattern Katzen, manchmal heulen sie, zuweilen zwitschern sie geradezu. Außerdem variieren sie virtuos die Tonhöhe.

Wie zum Beispiel?
Obwohl Schnurren wahrscheinlich eigentlich stimmlos ist, können wir die Frequenz der regelmäßigen Vibrationen im Kehlkopf messen. Manche Katzen schnurren sehr tief, im Infraschallbereich, den Menschen nicht hören können. Mit einem hellen Miauen erzielen sie eine Höhe von mehr als 1100 Hertz. Zum Vergleich: Menschen sprechen in der Regel im Frequenzbereich zwischen etwa 75 und 5000 Hertz. Mensch wie Katze vermögen also eine Vielfalt von Melodien zu modulieren. Die versuche ich gemeinsam mit zwei Sprachwissenschaftlern zu entschlüsseln.

Um das Verhalten zu studieren, nimmt Schötz auch Technik zu Hilfe

Sie entschlüsseln Dialoge zwischen Mensch und Katze?
Genau. Denn Katzen kommunizieren mit dem Menschen ja weitaus häufiger und anders, als sie es untereinander tun – und es können sich auch ganz individuelle Kommunikationsstile zwischen einer einzelnen Katze und ihrem Halter entwickeln.

Wie gehen Sie vor?
Wir konzentrieren uns derzeit auf die Lautmelodien, die die Tiere gegenüber ihren Haltern ausstoßen. Dazu beobachten wir die Katzen und ihre Besitzer in ihrer normalen Umgebung, machen Bild- und Tonaufnahmen. Wir sind also ➳

Wie sich eine Katze benimmt, ob sie eher umherstreift oder kuschelt, hängt auch vom Wesen ihres Besitzers ab

Rund

12

Millionen Katzen leben in Deutschland

Über Jahrmillionen haben die kleinen Jäger gelernt, sich an Beute heranzupirschen

»meck-meck«

»Komm her«

Lockende Jagdlaute

Beobachten Katzen eine potenzielle Beute, verfallen sie manchmal in ein Keckern und Schnattern

Die europäische Wildkatze, eine entfernte Verwandte der Hauskatze, streift mittlerweile wieder durch die deutschen Wälder

Mal zutraulich und anschmiegsam, dann wieder unnahbar und eigenwillig

verschieden, sie reicht von Unterwürfigkeit bis Liebessehnsucht.
• ***Und schließlich haben wir Laute untersucht, die mit einem offenen, aber gespannten Maul ausgestoßen werden,*** etwa Knurren, Grollen, Fauchen oder Schnattern. Katzen erzeugen diese Geräusche als Zeichen von Aggression oder gegenüber Beutetieren.

Welcher Laut ist der freundlichste?
Das Gurren. Es ist ein ziemlich kurzes, auf der Zunge gerolltes Geräusch und wird von Katzen vornehmlich bei freundlicher Annäherung, zur Begrüßung, als Bestätigung oder beim Spielen benutzt. Allerdings gibt es auch das in Variationen: mal als tiefes Grunzen oder Brummen, mal als höheres Trillern. Und nicht selten geht das Gurren in Miauen über, es erklingt also so etwas wie „Brrriu“ oder „Mrrrriu“.

Und was bedeutet das Gurren?
Es erklingt meist, wenn eine Katze einen Freund begrüßt, gleichgültig

»Viele Katzen kennen wahrscheinlich ihren eigenen *Namen*«

dabei, wenn die Katze gefüttert und gestreichelt oder zum Tierarzt gebracht wird. Auf den Aufzeichnungen sehen wir, in welcher Situation die Katze miaut, gurrt oder schnurrt, wir sehen ihre Körperhaltung und können daran erkennen, welche Bedürfnisse sie in diesem Augenblick wohl umtreiben.

Was sind Ihre Erkenntnisse?
Zunächst haben wir untersucht, welche Laute Katzen von sich geben – und können bestätigen, was andere Forscher vermutet haben: Es gibt eine Art universeller Katzensprache. Ihr Vokabular lässt sich in drei Kategorien ordnen:
• ***Zum einen handelt es sich um Laute, die mit geschlossenem Maul gebildet werden,*** etwa Schnurren, Gurren oder Murren. Die Laute sind so vielfältig, dass sie in sehr unterschiedlichen Situationen vorkommen.
• ***Zum anderen geben Katzen Laute von sich, bei denen ihr Maul erst geöffnet, dann geschlossen wird, etwa Miauen, Heulen, Jaulen.*** Ihre Bedeutung ist sehr

Die Phonetikerin Susanne Schötz lebt selbst mit Katzen zusammen

Die interviewte Expertin Susanne Schötz hat ihre Forschung und ihre Erfahrung leicht verständlich in einem Buch zusammengefasst: »Die geheime Sprache der Katzen« (Ecowin Verlag).

Auf ihrer Webseite stellt Susanne Schötz vielfältiges Material zur Verfügung, zum Beispiel Aufnahmen von Katzenlauten in verschedenen Situationen: www.meowsic.info/katzenlaute.

Aus
3
Kategorien besteht das Vokabular der Katzen

»Chhhhh«

»Weg da!«
Ablehnung und Abschreckung
Bei Gefahr zischen, knurren und grollen Katzen, um das Gegenüber in die Flucht zu schlagen

ob Mensch oder Tier. Man kann es interpretieren als „Hallo", aber auch als Bestätigung („Danke, ich habe das mitbekommen) oder als freundliche Aufforderung („Komm, spiel mit mir").

Was bedeutet Katzengesang, der manchmal zu hören ist?
Es ist einer der Lauttypen, in denen sich verschiedene Muster vermischen. Wenn die Katze ihren Gesang vorträgt, dann öffnet und schließt sie dabei das Maul immer wieder. Es ähnelt sehr dem menschlichen Kinderweinen und bedeutet manchmal auch etwas Ähnliches: Ich habe Sehnsucht, mir fehlt etwas. Aber Heulen kann auch ein Warnlaut sein, der eingesetzt wird, um einen Eindringling zu verjagen. Vorgetragen wird der Gesang meist von Katern, die ihr Revier verteidigen, aber auch von rolligen Kätzinnen im Frühjahr. Sie versuchen damit, umherstreifende Kater anzulocken. Vielleicht reagieren wir Menschen oft so sensibel auf Katzengesang, weil er dem Wimmern eines Kindes so ähnlich ist. Wir schrecken auf und müssen hinhören, um zu erkennen, ob ein Kind wimmert -oder eine Katze.

Es gibt viele Bücher über „Katzensprache". Was halten Sie davon?
Leider existiert bislang wenig wissenschaftliche Forschung zur akustischen Kommunikation zwischen Katze und Mensch. Viele Ratgeber beruhen daher nur auf wenig systematischen, nicht vergleichenden Beobachtungen. Das bedeutet nicht zwangsläufig, dass sie falsch sind. Aber oft bleiben sie nur oberflächlich – oder schreiben den Tieren vieles aus menschlicher Perspektive zu. Die meisten von uns glauben zum Beispiel, Schnurren bedeute, die Katze fühle sich wohl. Beobachtungen zeigen aber: Katzen schnurren auch, wenn sie verletzt sind oder im Sterben liegen. Schnurren bedeutet also eher so etwas wie „Ich bin keine Gefahr, tu du mir auch nichts" – aber nicht, dass das Tier ganz entspannt ist.

Welche anderen Laute werden falsch verstanden?
Das Brummen, das tiefe Gurren wird oft falsch gedeutet. Statt als Geste zur Begrüßung verstehen einige Menschen es als Signal der Warnung – vielleicht, weil es ein tiefer Laut ist, der aggressivem Knurren etwas ähnelt. Brummen ist aber viel kürzer als Knurren. Ein solches Missverständnis ist für die Gemeinschaft von Mensch und Katze äußerst ungünstig. Es kann der Anfang einer Kette ➸

Katzen sind Einzelgänger, aber haben auch gesellige Seiten

»Katze und Mensch entwickeln eine Art *Dialekt*«

Katzen sind Raubtiere und bemühen sich daher von Natur aus, eher still zu sein, geräuschlos

von fehlgeleiteter Kommunikation sein. Erschwerend kommt hinzu: Jedes Katze-Mensch-Paar entwickelt eine eigene Variante der Kommunikation, die für diese beiden funktioniert. Aber nicht für andere.

Eine Art Geheimsprache?
Eher eine Art Dialekt. Denn die Sprache ist ja nicht völlig anders. Es ist eine weitere, individuelle Variation für diese kleine Gemeinschaft. Die Katze lernt etwa: Wenn ich diesen Ton ausstoße, kommt mein Mensch nicht, wenn ich jenen aber variiere, etwas höher oder tiefer, dann ist er sofort da. Menschen neigen dazu, vor allem dann zu reagieren, wenn sie sich einen Reim auf den Ausdruck der Katze machen können, also glauben, sie zu verstehen. Davon wiederum lernt auch das Tier.

Kann man Katzen Wörter der menschlichen Sprache beibringen?
Ja. Viele Katzen kennen wahrscheinlich ihren eigenen Namen und kommen, wenn sie gerufen werden – sofern sie Lust dazu haben. Es gibt auch Universalien, die in Katzenlauten und in menschlicher Sprache das Gleiche bedeuten. Tiefe Tonhöhe und dunkle Stimme heißt oft „Ich bin groß und stark", hingegen besagen hohe Tonhöhe und helle Stimme „Ich bin klein und ungefährlich". Wenn wir eine freundliche Bitte haben, steigt der Ton oft am Satzende. Ich glaube, das verstehen Katzen, und sie nutzen es auch selber. Katzen scheinen

Achtung, halt bloß Abstand!

Begegnen sich Rivalen, geben sie unterschiedliche Drohlaute von sich – je nachdem, welche Distanz sie zueinander haben

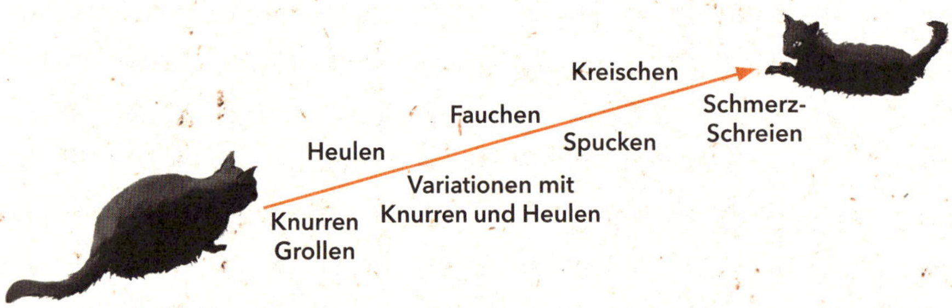

Ganz konkrete Tipps für den Dialog mit der eigenen Katze gibt Autor und Zoologe Gerd Ludwig in seinem Buch „Katzensprache: Schritt für Schritt verstehen lernen" (Gräfe und Unzer).

In dem Buch „Europas kleine Tiger" begibt sich die Autorin Christine Sonvilla auf die Spuren der europäischen Wildkatze, die sich auch in Deutschland wieder heimisch fühlt (Residenz Verlag).

unsere Stimmlage und Stimmqualität genau wahrzunehmen. An einem Fall konnte ich das einmal besonders deutlich erkennen: Eine Katze neigte dazu, eher tief zu bellen, als hell zu miauen. Auf der Videoaufnahme war zu sehen, dass die Halterin bei der Fütterung immer mit sehr dunkler, rauer Stimme sprach. Die Katze hat ihre Laute also lediglich an die der Frau angepasst – vielleicht, um die Bindung zu ihr zu stärken.

Häufig haben Halter das Gefühl, dass die Tiere ihnen etwas sagen. Stimmt dieser Eindruck?
Das kommt darauf an, was man unter Sprache versteht. Natürlich können Katzen keine Wörter bilden. Aber sie benutzen »→

»mimiau«

»Ich will dich«
Werbung um Zuwendung
Katzengesang ist eine lange, bisweilen klagende Sequenz, mit der die Tiere Sehnsucht nach Nähe ausdrücken

akustische Signale, um Kommunikation mit uns möglich zu machen. Was die Katze jeweils mitteilen will, versteht man besser, wenn man den Kontext betrachtet – und noch besser, wenn man das Tier schon etwas kennt. Wenn ich beschäftigt bin und meine Katzen dringend meine Aufmerksamkeit wollen, gibt mein Kater zum Beispiel oft einen Miau-Laut von sich, der klingt wie „määh". Er hört erst damit auf, wenn ich aufstehe und mich ihm zuwende. Eine meiner Katzen dagegen gibt zu diesem Zweck etwas von sich, das eher wie „mihipip" klingt. Beide haben eigene Laute entdeckt, um meine Aufmerksamkeit zu bekommen.

Denken sich die Katzen diese Laute für uns Menschen aus?
So wirkt es manchmal. Katzen haben gelernt, dass für uns akustische Signale wichtiger sind als für ihre Artgenossen. Katzen sind Raubtiere und bemühen sich daher von Natur aus, eher still zu sein. Mit Artgenossen kommunizieren sie mehr mit Blicken, Düften, Kopf- und Körperhaltungen. Untereinander geben sie meist nur leise Laute von sich, gurren etwa. Das deutlich vernehmbare „Miau" verwenden erwachsene Katzen fast nur gegenüber uns.

Wie lässt sich die Kommunikation verbessern?
Wenn Sie viel mit Ihrer Katze sprechen, wird sie auch viel mit Ihnen kommunizieren. So entwickelt sich automatisch eine gemeinsame Form der Verständigung, die sich aber immer im Rahmen der Lautkategorien bewegt, die allen Katzen gemeinsam sind. Auch können Sie versuchen, Laute nachzuahmen, wenn Sie es nicht übertreiben. Das mag einem Außenstehenden manchmal seltsam erscheinen, aber viele Katzenbesitzer machen das unwillkürlich. Für das Miteinander mit einer Katze gilt, was für das Miteinander von Lebewesen generell gilt: Mit Erfahrung, Übung und vor allem mit geduldigem Zuhören können wir lernen, unser Gegenüber besser zu verstehen.

»hrrrhrrrr«

»Bei dir geht's mir gut«

Wohlige Zufriedenheit

Wenn Katzen glücklich sind, lassen sie oft ein tiefes, lang anhaltendes Schnurren erklingen

Mit der Unterstützung eines erfahrenen Försters finden Sie den passenden Baum für Ihre Grabstätte

» Ob Blumen oder Bäume: Im Wald erwacht jetzt alles zum **Leben** «

Bleiben Sie dem Wald verbunden

Ein Waldspaziergang in der Natur spendet im Frühling besonders viel Kraft. Entdecken Sie dabei einen Standort von FriedWald in Ihrer Nähe

Die Amseln zwitschern, die Knospen an den Bäumen verbreiten ihren feinen Duft, Schneeglöckchen, Bärlauch und Scharbockskraut bilden hübsche Farbtupfer am Boden: Im Frühling erwacht der Wald zum Leben. Besonders jetzt spüren wir bei einem Waldspaziergang, wie sehr wir in der Natur den Alltag vergessen und Kraft tanken können. Im Wald finden wir Ruhe – zu Lebzeiten, aber auch darüber hinaus.

Seit 2001 bietet FriedWald als erster Anbieter in Deutschland Bestattungen unter Bäumen in biologisch abbaubaren Urnen an. Damit schafft FriedWald eine Alternative zu konventionellen Friedhöfen, die ganz im Einklang mit der Natur steht. Über 70 Standorte gibt es bereits, verteilt in ganz Deutschland. Sie möchten sie gern entdecken? Über die FriedWald-Website können Sie nach einem Standort in Ihrer Nähe suchen und erhalten erste Informationen zur Beisetzung in der Natur.

Wenn Sie sich genauer umsehen möchten, unternehmen Sie gern einen Ausflug in den nächstgelegenen FriedWald. Eine Informationstafel weist auf den besonderen Ort hin und gibt erste Einblicke in das Konzept. Besucher können sich außerdem einen Lageplan sowie eine Kostenübersicht mitnehmen. Wer für sich selbst oder für einen Angehörigen einen Platz im FriedWald wünscht, kann sich von einem erfahrenen Förster bei der Auswahl des Baums beraten lassen. Ob hochgewachsene Buche oder imposante Eiche – der passende Baum als letzte Ruhestätte für eine einzelne Person oder eine ganze Familie findet sich. Unter 06155 848-100 können Sie einen individuellen Termin mit einem Förster vereinbaren.

Oben: Ein Schild am Baum weist auf die Ruhestätte hin
Mitte: Die Urnen sind schlicht und biologisch abbaubar
Unten: An der Informationstafel steht alles Wissenswerte

Mehr Informationen unter: www.friedwald.de

FriedWald®
Die Bestattung in der Natur

Einst trieben Bauern ihr Nutzvieh zum Fressen in die Wälder – zwischen knorrigen alten Eichen entstanden offene Weideflächen, die lichtbedürftigen Pflanzenarten ein Refugium boten. Im Naturpark Solling-Vogler haben Experten diese historische Form der Waldbewirtschaftung wiederbelebt

Manche Eichen sind
250
Jahre alt

Rinder im Wald?

Wie auf ein geheimes Kommando hin heben 40 Rinder ihre Schädel mit den mächtigen Hörnern empor – um sich gleich wieder der Weide zuzuwenden

Sich selbst überlassen sind die Tiere nicht: Manager Holger Schwerdtfeger überwacht täglich Herden und Zäune

D

„Dort oben müssen sie sein!" Holger Schwerdtfeger deutet auf eine Weide, die sich mitten im Wald - licht und grün - auftut. Und gegen den fahlen Himmel zeichnen sich tatsächlich die Schattenrisse von Vierbeinern ab.

Seit zwei Stunden schon folgen wir ihren Spuren, die sie hier, in den Wäldern des Sollings, im südlichen Winkel Niedersachsens gelegen, überall hinterlassen haben: an den Kothaufen, an den Bäumchen und Büschen, die sie gründlich gestutzt, an den tiefen Huf- und Klauenabdrücken, die sie in den aufgeweichten Boden gesetzt haben.

Ein vertraut-verwirrendes Bild

In der Nacht ist es noch einmal kühl geworden im frühlingserwachten Solling. Nun, gegen Mittag, taut und tropft es überall. Mit schmatzenden Schritten folgen wir Tiermanager Schwerdtfeger - bis der Wald endlich die Sicht freigibt auf die Weide. Auf ein vertraut-verwirrendes Bild.

Denn aus Gras und Gestrüpp blicken nicht etwa Rehe auf. Wie auf ein geheimes Kommando hin heben 40 zumeist lackschwarze Rinder ihre Schädel mit den mächtigen Hörnern empor - um sich gleich wieder der Weide zuzuwenden. Zwei wuschelige Ponys, weiter hinten, schlendern scheinbar genervt davon.

Sie sind ja auch keine Schautiere, in den Wald gestellt, um entdeckt, bestaunt oder gar gestreichelt zu werden. Im Gegenteil. Die je vier Dutzend Heckrinder und Exmoorponys, beides alte, robuste Rassen, wurden von Schwerdtfeger und seinen Kollegen gewissermaßen als Waldarbeiter engagiert: Sie sollen das Gras kurzhalten, Schösslinge und frische Triebe kappen - und auf diese Weise verhindern, dass ein geschlossener Baumbestand heranwächst.

Was andernorts erwünscht ist - unberührter, sich selbst überlassener Wald - soll hier, in einem Areal des Sollings, wieder zu dem werden, was es vor Jahrhunderten schon einmal war: ein Hutewald (von „hüten"). Ein lockerer, lichter Eichenhain, in den die Bauern einst ihr Nutzvieh zum Fressen trieben.

Es ist der Versuch, eine kulturhistorische Form der Waldnut- »→

Das Naturschutzgebiet ist Lebensraum einer artenreichen Fauna – neben dem Schwarzmilan sind hier viele andere Vögel heimisch

Witterungsbeständig Exmoorponys legen sich zum Winter hin eine dicke Fettschicht an. So können sie das ganze Jahr im Freien ohne Unterstützung durch den Menschen leben.

Zuchterfolg Das Heckrind ist eine Abbildzüchtung des bereits seit 1627 ausgestorbenen Auerochsen. Der Auerochse gilt als Stammvater der heutigen Hausrinder.

Die im Südwesten Englands beheimateten Exmoorponys gelten als eine der ursprünglichsten Pferderassen Europas. Im Hutewald wurden sie gewissermaßen als Forstarbeiter engagiert – und fühlen sich dort besonders wohl

Seit die Rinder und Ponys den Wald durchforsten, ist wieder ein Stück Landschaft entstanden, wie Caspar David Friedrich sie gemalt hat

Mehr als

600

gefährdete Spezies kommen in der Hute vor

Knabbern ausdrücklich erwünscht: Die Nutztiere sorgen dafür, dass sich kein geschlossener Baumbestand bildet. So bekommen sonnenbedürftige Arten wie Wald-Ehrenpreis (Männertreu) eine Chance, zu keimen

Die Pferde und Rinder sind nicht vornehmlich da, um entdeckt, bestaunt oder gar gestreichelt zu werden: Sie sollen die Landschaft offen halten

Die *Weidewirtschaft* setzt den Wäldern zu – und schafft zugleich neuen Lebensraum

Auf mittlerweise mehr als 220 Hektar erstreckt sich die Projektfläche im südlichen Niedersachsen. Von Wanderwegen aus können Besucher die Weidetiere hautnah erleben

zung wiederzubeleben, die faszinierende Einblicke in weit zurückliegende Epochen gewährt.

Nicht nur in hiesigen Breiten, in ganz Mitteleuropa waren Rinder, Pferde, Schafe und Schweine im Wald lange Zeit der übliche Anblick. Im Schatten ausladender Bäume labten sie sich an Schösslingen, Kräutern und vor allem: Eicheln. „Der Spruch ‚Die besten Schinken wachsen unter Eichen' kommt schließlich nicht von ungefähr", sagt Förster Johannes Thiery, der als Projektleiter für einen Teil des heute 220 Hektar umfassenden Hutewaldes verantwortlich ist.

Das Verschwinden der Waldweide

Erst ab dem 18. Jahrhundert vertrieb man das Nutzvieh aus den Forsten – und zwar gründlich. Bis heute gilt (zumindest juristisch): Ein Wald ist kein Wald mehr, sobald ein Rind darin grast, selbst wenn es die Bäume nicht anknabbert, sondern darunter nur Sonnenschutz sucht. Die rigide Gesetzgebung – im Nachhall des 30-jährigen Krieges formuliert, als Holz fast überall in Europa knapp geworden war – sollte dem Wald nützen, ihn schützen.

Mit Erfolg: Vielerorts machten sich dichte, naturnahe Buchenwälder breit, Refugien für etliche Groß- und zahllose Kleinstlebewesen – die meisten von ihnen bis heute nicht entdeckt und beschrieben.

Als Naturschützer um das Jahr 2000 vorschlagen, einen Teil des Sollings wieder in eine Waldweide zu verwandeln, stoßen sie darum auf blanke Ablehnung bei den Behörden. „Man wähnte den Untergang des Waldes nahe", erinnert sich Johannes Thiery an die Diskussionen.

Tatsächlich müssen die Forste im 18. Jahrhundert, auf dem Höhepunkt der Hutewirtschaft, vollends übernutzt gewesen sein. Ein baden-württembergischer Umweltwissenschaftler hat historische Dokumente zur Waldwirtschaft studiert und in einem Protokoll von 1739 entdeckt, dass im Reinhardswald bei Kassel auf 21 000 Hektar mehr als 14 000 Rinder, Schweine und Pferde weideten, dazu gut 19 000 Schafe und noch ein paar Hundert Ziegen.

Das wäre selbst für eine fette, gut gedüngte Weide viel zu viel, auf der zudem viel mehr Gräser wachsen als unter Büschen und Bäumen. Jene Epochen, in denen Land- und Forstwirtschaft noch eins waren, setzten den Wäldern also gehörig zu.

Und brachten damit eine Veränderung der Biodiversität mit sich. Insbesondere licht- und wärmebedürftige Spezies wie Schmetterlinge, Käfer, Gräser und Wildblumen fanden auf den strukturreichen Flächen einen Lebensraum.

„Das Leben liebt diesen wogenden Wechsel aus offenen und bewachsenen, lichten und verschatteten, warmen und kühlen Flächen", sagt Thiery. Letztlich gelingt es seinen Vorgängern darum doch, den Forstbehörden eine Genehmigung für eine Waldweide abzutrotzen – und die alte Idee wiederzubeleben.

Heute, 20 Jahre später, gilt der Hutewald Solling vielen als Erfolgsprojekt, in mehrfacher Hinsicht: Seit die Rinder und Ponys den Wald durchforsten, ist wieder »→

Besucher erwünscht Zum Schutz der Tier- und Pflanzenwelt ist im gesamten Hutewaldprojekt jedoch ein Wegegebot einzuhalten. Mit etwas Glück lassen sich einige der Tiere beobachten.

Urzeit Durch zahlreiche große Pflanzenfresser konnte sich hierzulande nicht überall dichter Wald ausbilden. In vorhistorischer Zeit bildeten sich daher kleinräumige Inseln mit waldfreier Vegetation.

Seit Tiere den Untergrund bearbeiten, hat sich auch der längst verschwunden geglaubte Stechginster wieder angesiedelt

In einem Besucherzentrum können sich Interessierte ausführich über das P rojekt informieren

ein Stück Landschaft entstanden, wie Caspar David Friedrich sie gemalt hat: mit weit verstreuten, knorrigen Eichen (manche vor 250 Jahren noch von historischen Hutebauern gepflanzt), mit sonnenbeschienenen Lichtungen, zauseligen Büschen und wilden Blumen. Und mit dem Vieh kam auch die damalige Vielfalt zurück in den Wald: Experten haben in der Sollinger Hute mittlerweile 600 Spezies nachgewiesen, die auf der Roten Liste der gefährdeten Arten Niedersachsens stehen.

Ein in Kauf genommener Konflikt

Keine Frage: Den neuen Arten weichen die angestammten. Die Hute drängt den ursprünglichen Buchenwald mit seiner ganz eigenen, wertvollen Biodiversität zurück – zumindest auf diesem überschaubaren Areal. Man kann Umwandlungsprojekte dieser Art also durchaus kritisch sehen. Ganz sicher taugen sie nicht als Blaupause für naturnahen Waldschutz.

Andererseits bedürfen auch jene selten gewordenen Offenlandarten, die sich nun in der Sollinger Hute entfalten können, unseres Schutzes. Seit einigen Jahren kann Johannes Thiery verfolgen, wie sie von der Weidewirtschaft profitieren. Mit seinem silbernen Geländewagen steuert er eine eher karge Kuppe an: ein paar krumme Bäumchen, Flore von Himbeer- und Dornenbüschen, niedriges Grün. Thiery kommt dennoch sogleich ins Schwärmen. „Was man hier sehen kann, ist spektakulär."

Er hat Fotos mitgebracht, die die Entwicklung des Wäldchens dokumentieren. Vor einigen Jahren noch stand hier ein Fichtenacker – bis Sturm die schlanken Stämme wie Mikadostäbchen übereinanderlegte. Die Forstverantwortlichen beschlossen, dies als Chance für einen Neuanfang und eine Er-

Baum der Vielfalt Eichen sind mit ihrer rauen Borke, der licht- und wärmedurchlässigen Krone sowie ihrer Langlebigkeit besonders artenreich. Manche Krone beheimatet 1000 Insektenspezies.

Web-Tipp Unter naturpark-solling-vogler.de finden sich zahlreiche weiterführende Informationen zum Projekt Hutewald und anderen spannenden Facetten des Weserberglands.

Hutewald ist *Kulturwald* – ohne Zutun von Mensch und Tier würde er wieder verschwinden

weiterung des angrenzenden Hutewaldes zu nutzen.

2015 trieben sie erstmals die Rinder und Ponys auf die Kuppe, und das Vieh begann sein Werk: verbiss Birken- und Buchenschösslinge, stampfte mit seinen Hufen und Klauen kleine Tümpel in den Boden, die bald Insekten für die Eiablage nutzten, äste wucherndes Gebüsch ab, bis nur noch die Dornen stehenblieben, in denen heute Neuntöter nisten und kleine Eichen sprießen.

Rinderdung als Artenhotspot

Thiery beobachtet die Hute seither genau – und entdeckt immer wieder Arten, die längst als ausgestorben galten. Er wandert über einen von Tieren getrampelten Pfad, hält an einem Dunghaufen. „Da die Rinder nicht – wie auf den Höfen – entwurmt werden, ist ihr Kot ein echtes Kleinod und Heimat für mehr als 40 verschiedene Arten von Mistkäfern, die wiederum Fledermäuse und Vögel anlocken."

Ein paar Meter weiter: „*Calluna vulgaris*, Besenheide, bringt Farbe und Schmetterlinge in den Wald." Und dort, sein eigentliches Ziel: ein tiefgrüner, stacheliger Busch. „*Ulex europaeus*, Stechginster. Letzte Sichtung: um 1900", so der Förster. Seine Samen müssen also ein Jahrhundert unter den dunklen Fichten überdauert haben und sogleich ausgetrieben sein, als Licht wieder den Boden erwärmte.

An diesem fahlen Morgen werkeln die Weidetiere im Verborgenen. Holger Schwerdtfeger, der die Herden betreut, vermutet sie eigentlich unten am Reiherbach, der still und schwarz durch den Hutewald mäandert. Vergebens. So machen wir uns auf die Suche nach ihnen in dieser wunderschönen Landschaft, die Besuchern jederzeit zugänglich ist. „Warum sollten wir den Menschen, der dieses Stück Wald seit Jahrhunderten formt, auch aussperren?", fragt Tobias Kiens, Förster des Reviers, in dem der Hutewald liegt, und ebenfalls mit uns unterwegs. Er sei selbst gern in der Hute, „weil hier Borkenkäfer und komplexe Buchenkrankheiten, all diese Försterprobleme, für einen Moment vergessen sind".

Wäre die Waldweide dann nicht auch für den gesamten Solling ein Konzept? Kiens winkt ab: „Eher nicht." Denn: Hute bedeutet nicht Nichtstun. Hutewald ist Kulturwald. Zwar bewirkten Knabbereien und Hufabdrücke viel. „Erstaunlicherweise aber verschmähen die Weidetiere Fichten. Würden wir da nicht immer wieder Hand und Motorsäge anlegen, entwickelte sich wieder ein Fichten- und nicht der gewünschte Eichenhain", erklärt er.

Zwar leben Rinder und Pferde das ganze Jahr über frei im Wald – doch sind sie nicht sich selbst überlassen. Holger Schwerdtfeger kontrolliert täglich Herden und Zäune, die den gesamten Hutewald umgeben müssen, er sortiert Hengste und Bullen aus, um Inzucht zu vermeiden, muss ihnen mit dem Tierarzt jährlich Blutproben entnehmen, wie es veterinärrechtliche Vorschriften einfordern. Ein immenser, kostspieliger Aufwand. Und trotzdem ein Gewinn.

Als die Rinder, droben, auf der Lichtung, schließlich lautlos weiterziehen, sagt Schwerdtfeger: „So urtümliche Tiere im Wald – das ist immer wieder ein erhabener Anblick."

Warum bloß knurrt der *Knurrhahn?*

Text und Illustration: Rainer Harf

Er macht seinem Namen alle Ehre, wenn er knurrende Laute von sich gibt. Doch warum äußert sich der Meeresbewohner so geräuschvoll? Sind Fische nicht eigentlich eher stille Wesen?

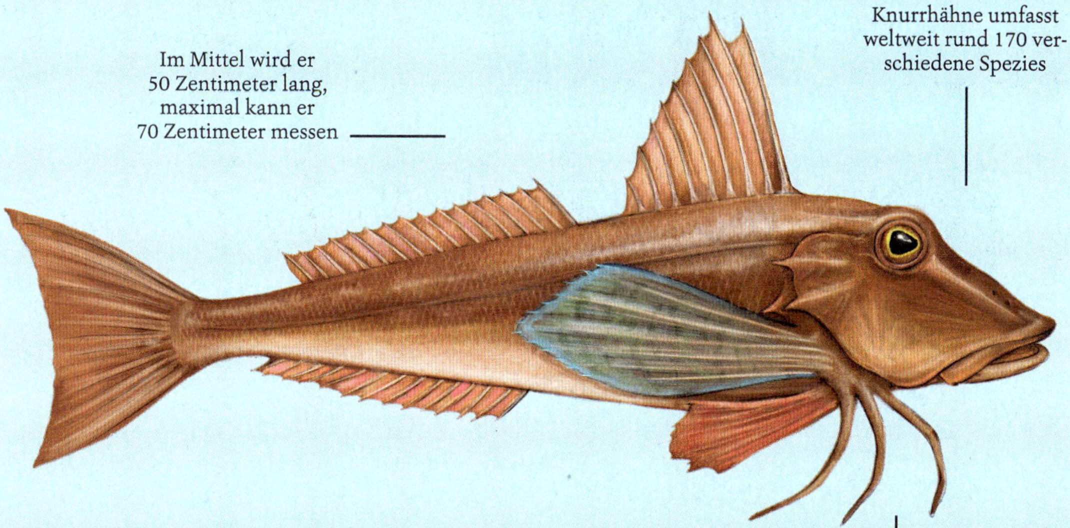

Man findet den Roten Knurrhahn im Atlantik vor den Küsten von Norwegen bis Westafrika, auch in der Nordsee, im Mittelmeer und im Schwarzen Meer ist der Fisch mit dem großen gepanzerten Kopf heimisch. Dort stakst der bodenlebende Wasserbewohner mit seinen beweglichen Flossenstrahlen – wie auf dünnen Beinchen – in Tiefen von 20 bis gut 300 Metern über den Grund.

Die Flossenstrahlen sind mit empfindlichen Sinneszellen bestückt und dienen dem Fisch aus der Ordnung der Barschartigen dazu, Beute im Sand oder Schlick zu erspüren: kleine Fische, Krebse, Weichtiere.

Namensgebend ist die Eigenart des Meeresbewohners, bisweilen Geräusche ertönen zu lassen: ein Knurren oder Bellen, Quietschen oder Grunzen. Wie bei vielen Tieren, von denen wir akustische Äußerungen eher gewohnt sind, ist dies ein Mittel der Kommunikation. Mit den Lauten drückt der Knurrhahn Erregung aus, etwa wenn er sich belästigt oder bedroht fühlt. So knurren und quaken die Fische zum Beispiel oft, wenn sie am Angelhaken an Land gezerrt werden.

Die Laute erzeugt der Knurrhahn mit seiner Schwimmblase (Fische besitzen keine Stimmbänder). Das Organ lässt Tiere im Wasser schweben, eignet sich aber auch hervorragend als Resonanzkörper. Trommelmuskeln, die sich bis zu 250 Mal in der Sekunde zusammenziehen, versetzen die Blase in Vibration.

Schon vor mehr als 2000 Jahren berichtete Aristoteles vom Knurren des Knurrhahns. Und zahlreiche andere Fischarten kommunizieren ebenfalls geräuschvoll. Heringe knattern, indem sie Luft aus ihrem Hintern entweichen lassen, Piranhas klappern mit den Zähnen, manche Welse zirpen, die Paarungsrufe von Umberfischen klingen wie eine Rotte Wildschweine.

Und so ist jene Redewendung für schweigsame Menschen recht unpassend: stumm wie ein Fisch. ●

»Als Fährtenleser rekonstruieren wir die *Geschichten*, die die Natur schreibt«

Wer war vor uns hier? Das Elbufer bei Schnakenburg ist nicht nur schön, sondern vor allem schön sandig. Und damit ein Top-Fundort für eine erfahrene Spurenleserin wie Stefanie Argow

Auf der *Spur!*

Wer tiefer in die Natur eintauchen will, muss sie entziffern lernen. Zum Beispiel, indem er sich an die Fersen einer professionellen Spurenleserin heftet

Text: Robin Droemer Fotos: Tamina-Florentine Zuch

»Ich liebe es, über *Stunden* an Zeichen herumzurätseln«

Die Trackerin

Ein Freund meiner Mutter hatte eine Tauchschule, ihn durfte ich schon als Schulkind auf Tauchgängen begleiten. Ich liebte alles daran; das Beste aber war dieses komplette Versinken in der Unterwasserwelt, das Gefühl, mit Haut und Haar Teil von etwas zu werden, das ich sonst nur aus der Außensicht kannte.

Eine unsichtbare Grenze

An Land fehlt mir dieses Gefühl. Deshalb mache ich mich an diesem Tag auf den Weg nach Schnakenburg, an die ehemalige innerdeutsche Grenze, ans Elbufer. Ich will Fährtenlesen lernen.

Fährtenleser wissen, wie man die unsichtbare Grenze übertritt, die uns von der Natur trennt. Sie tauchen in die Welt da draußen ein, indem sie die Geschichten entziffern, die die Natur pausenlos schreibt. Wenn ich wie sie ein Teil davon werden will, muss ich richtig lesen lernen.

Dabei helfen soll mir eine 35-jährige Berlinerin, die mich mit zwei Mitstreiterinnen am Elbdeich schon erwartet. Stefanie Argow ist professionelle Fährtenleserin. Sie hat bereits Fährten von Luchsen zurückverfolgt, ist in den slowakischen Bergen Bären begegnet, hat in Namibia Raubkatzen nachgestellt und die Abdrücke schuppiger Krokodilfüße bestimmt. Doch geht es nach ihr, muss es nicht immer Großwild sein. „Ich stehe auch gern stundenlang unter ein und derselben Brücke und rätsele an Zeichen von Mäusen und Kröten herum.

Naturschutzorganisationen und Universitäten verlassen sich regelmäßig auf die Fähigkeiten der hauptberuflichen Trackerin. Anhand von Spuren kann sie zum Beispiel zuverlässige Aussagen über die Dichte und den Gesundheitszustand einer Wildtierpopulation treffen. Aber auch Kartierungs- ➝

Trittsiegel und Gangart

Jede Art hinterlässt einen spezifischen Abdruck – und hat ihren charakteristischen Gang

Luchs
Der Mittelhandballen bildet ein Trapez mit drei runden »Lappen«

Fuchs
Hier formt der Mittelhandballen die Form eines Dreiecks

Steinmarder
Bei ihm ähnelt der Mittelhandballen einer Bohne

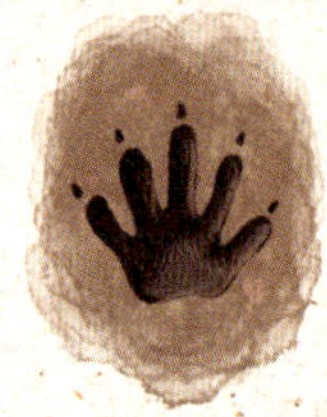
Waschbär
Die fünf Zehen des Kleinbären sind gut zu erkennen

Kranich
Verhältnismäßig groß ist der Fußabdruck des majestätischen Vogels

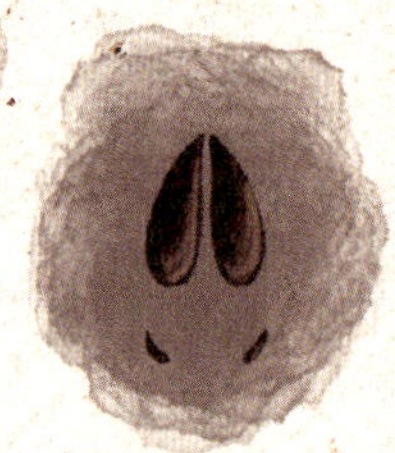
Reh
Offensichtlich: Das Tier gehört zur Ordnung der Paarhufer

Um ein Siegel zu bestimmen kommen mehrere Merkmale in Betracht: Wie viele Zehen hat das Tier? Von welcher Form ist ein möglicher Ballen zwischen den Zehen? Zudem gibt die Stellung der Abdrücke zueinander Aufschluss über die Gangart.

Nur Anschauen Wenn Vögel im Spätsommer ihr Federkleid erneuern, lassen sich spannende Funde machen. Aber Achtung: Das Sammeln von Vogelfedern ist aus Artschutzgründen verboten.

Speihballen Eulen und Greifvögel entledigen sich unverdaulicher Nahrungsreste, indem sie sie in graue Mäusewolle einwickeln und hervorwürgen – daher auch die Bezeichnung »Gewölle«.

Auch auf Entfernung lassen sich ***Greifvögel*** *an ihrer charakteristischen Flügelstellung erkennen. Stefanie Argow zeigt hier die eines Milans*

Um Trittsiegel genauer zu bestimmen, helfen im Zweifel originale Tierfüße (links Wildschwein, rechts Reh). Die Präparate zeigen klar: Hier kam ein Reh vorbei – im sogenannten übereilten Gang

»*Beinstellung* und Tiefe des Abdrucks sind verräterisch«

Die Gangart zeigt, ob ein Tier entspannt geäst hat oder hastig geflohen ist

Verbissen
An dieser Hagebutte hat sich ein Grünfink gelabt

Selbst aus unbeschriebenen Blättern lässt sich etwas herauslesen. Auch umgeknickte Äste und Gräser, Kot und Fellreste sind Indizien

An dieses Zitterpappelblatt hat sich eine Miniermottenlarve gemacht. Die Fraßspuren der Borkenkäferlarven zeichnen sich im Fichtenbast ab

Am ***Waldrand*** *verlieren sich die Trittsiegel im Gestrüpp. Dafür sind hier umso mehr Fraßspuren zu entdecken*

Geweihspuren an Ästen verraten: Hier hat ein Rehbock geweihschubbernd sein Revier markiert

»Vor unserem *inneren Auge* sehen wir, wie die Tiere zurück in den Wald fliehen«

büros heuern sie für ökologische Gutachten an – etwa um herauszufinden, welche geschützten Tiere in einem bestimmten Waldstück leben, bevor Bäume gefällt werden.

Für ihre Einführung ins Spurenlesen hat sie uns an den Elbstrand beordert, weil der sandige Untergrund Anfängern wie uns die Spurensuche erleichtert. Außerdem zieht es viele Tiere aus dem angrenzenden Wald zum Trinken häufig ans meist menschenleere Flussufer, mit anderen Worten: Hier dürfte einiges zu entdecken sein.

Der erste Fund gleich ein Rätsel

Und tatsächlich stoßen wir, noch bevor wir Sand unter unseren Füßen spüren, schon auf die erste Spur: ein ovaler Abdruck, genau da, wo die Blumenwiese in den Elbstrand ausläuft. Stefanie Argow umkreist den Abdruck. Erste Lektion: „Ein Trittsiegel immer erst mal aus allen Blickwinkeln erfassen." Ich gehe in die Hocke und schaue mir unseren Fund aus der Nähe an: Zwei kleine Gräben liegen parallel nebeneinander, die eine Seite ist tiefer in den Sand gedrückt als die andere. Könnte alles sein.

Stefanie lenkt meinen Blick auf den kleinen Steg, der zwischen den Gräben, den sogenannten Schalen, verläuft. Und verjüngt sich der Abdruck nicht auf der einen Seite? Ich merke: Bevor ich Fährtenlesen lerne, muss ich erst mal das Alphabet pauken. Der Steg – also der Bereich zwischen den Schalen – wäre bei einem Wildschwein nicht durchgängig von vorn bis hinten ausgebildet, denn dessen Hornhautballen drücken ihn zu einer fast ebenen Fläche platt. Aber welches Tier könnte es sonst sein? Ich gehe alle Huftiere durch, die mir einfallen: Ein Reh, ein Hirsch, vielleicht Ziege oder Schaf? „Vergiss das Mufflon nicht", ergänzt Stefanie. Die Schafe mit den schneckenförmigen Hörnern leben zwar eigentlich in den Bergen, wurden aber Anfang des letzten Jahrhunderts unter anderem in Niedersachsen von Jägern ausgewildert.

Um das Siegel genauer zu bestimmen, zieht Stefanie aus ihrem Rucksack zwei steife, haarige Tierfüße: Einer ist vom Reh, der andere vom Wildschwein. Die Füße zeigen uns klar: Hier kam kein Mufflon vorbei. Das war ein Reh.

In den nächsten Stunden entdecken wir die kinderhandähnlichen Trittsiegel von Waschbären und die Pfotenabdrücke einer Nutria, deren Schwanz eine lange Linie im Sand hinterlassen hat. Wir sehen einer Ringelnatter zu, wie sie vor unseren Augen Muster in den Sand schlängelt, und am Fuß eines Baumstamms finden wir einen Haufen Knochen – vielleicht die Beute des Schwarzmilans.

Fraßspuren

Eine Fülle von Spuren hinterlassen Tiere beim Fressen – etwa an Früchten und Samen

Tiere vertilgen Früchte oft nicht im Ganzen, sondern knabbern an ihnen herum. Zurück bleiben typische Muster. Im Wald sind zum Beispiel Fichtenzapfen sehr begehrt. Ob Eichhörnchen, Specht oder Maus: Jeder hat seine eigene Technik, an die nahrhaften Samen zu gelangen.

Verräterischer Abort Waschbären hinterlassen ihren Kot an Stellen, zu denen sie immer wieder zurückkehren – sogenannten Latrinen, die meist von mehreren Waschbären genutzt werden.

Besonderer Fund Glücklich, wer die Fraßspuren einer Haselmaus entdeckt. Die lebt versteckt im Unterholz. In Haselnüssen hinterlässt sie ein kreisrundes Loch mit klar erkennbaren Zahnspuren.

Losung

Was den einen ekelt, freut den Fährtenleser – Tierkot ist eine lehrreiche Hinterlassenschaft

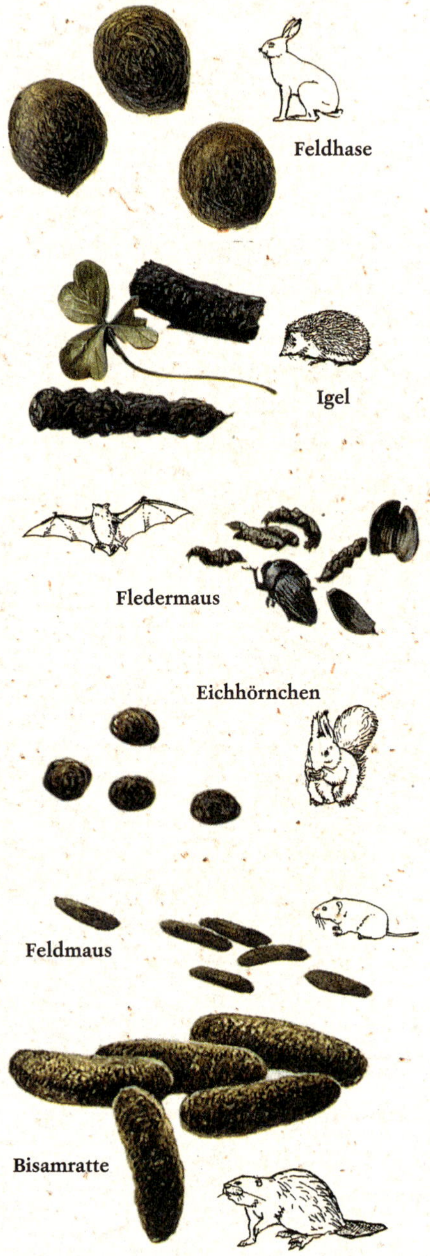

Größe, Form und Farbe verraten einiges über die Nahrung des Tieres. Im Kot des Steinmarders etwa finden sich oft Reste von Pflanzenfasern oder Nüssen. Achtung: Frischer Fuchskot kann Bandwürmer übertragen, Mäusekot das Hantavirus.

Am Lagerfeuer erzählt Stefanie Argow von den Bären, denen sie in den slowakischen Bergen nachgestellt hat. Die Spuren am Elbstrand sind zwar unspektakulärer, aber nicht weniger aufschlussreich

Die Singdrossel frisst gern das Innere von Bänderschnecken. Um an den Leckerbissen zu gelangen, fasst sie die Schneckenschale am Rand ihrer Öffnung und schlägt sie auf einen Stein. Zurück bleibt ein mit Schneckenschleim verklebter und auf allen Seiten von bunten Schalenstücken umgebener Amboss – die »Drosselschmiede«.

Einige der hier gezeigten Illustrationen stammen aus dem Buch »Tierspuren und Fährten« (Bassermann)

»Je schneller ein Reh, desto geringer seine *Spurbreite*«

Nah am Ufer stoßen wir wieder auf Rehspuren. Stefanie betrachtet sie nachdenklich und interpretiert: zwei Rehe, vermutlich eine Ricke und ihr Kitz, die aus dem Wald zum Trinken an den Fluss kommen. Plötzlich rücken die Abdrücke der rechten und linken Körperseite eng aneinander, im Fährtenleser-Deutsch heißt das: Die Spurbreite verringert sich, die zwei haben ihr Tempo erhöht. Stefanie geht auf alle viere und illustriert ihre Analysen. „Je schneller man wird, desto größer wird auch die Schrittlänge. Die Abdrücke desselben Fußes haben also einen größeren Abstand – bis das Reh in den Galopp übergeht. Dann entsteht ein ganz neues Spurenmuster, bei dem die Hinterfüße die Vorderfüße überholen, wie bei einem schnellen Gepard in der Steppe."

Neben den Spuren liegen Sandkrümel, Auswurf, wie er bei abrupten und zügigen Bewegungen entsteht. Für Stefanie ist die Lage klar: Etwas oder jemand hat die Rehe beim Trinken gestört. Vor unserem inneren Auge sehen wir ein Boot die Elbe heruntertuckern – und die Rehe vor dem Geräusch hektisch zurück in den Schutz des Waldes fliehen.

Wir folgen ihren Fährten zurück in den Wald. Selbst wenn im moosigen Boden kaum mehr Abdrücke zu erkennen sind, hält der Wald andere Spuren bereit. „Schaut, hier hat schon jemand schnabuliert", sagt Stefanie und zeigt auf die Zweige eines Strauchs, denen die Enden fehlen. Rehe sind Feinschmecker, sie probieren mal hier, mal da. Etwas weiter, an einem jungen Baumstamm, blitzt helles Holz unter abgeschubberter Rinde hervor. „Das war das Geweih eines Rehbocks. Dort sitzen seine Duftdrüsen, mit denen er sein Revier markiert."

Tierspuren als Zeitkapsel

Wir kehren zurück Richtung Elbe und schlagen am Strand unsere Zelte auf. Vielleicht ist es die frische Luft, vielleicht ist es das Lagerfeuer oder auch einfach nur das Bier, das mich zum Philosophieren bringt. Ich denke, dass Spuren mehr sind als Abdrücke – Portale, die Zeitgrenzen überwinden. Eine Spur holt etwas, das weit weg und vergangen ist, ins Hier und Jetzt.

Und beim zweiten Bier denke ich: Ist es nicht verrückt, dass wir, während wir Fährten lesen, selber Spuren hinterlassen? Dass unsere Stiefel und Stefanies Zeichnungen im Sand für kurze Zeit zu einem Teil dieser Landschaft werden? Im Versuch, Geschichten aus der Natur zu lesen, schreiben wir sie selbst ein Stückchen weiter.

Wenn das stimmt, war mein erster Tauchgang ein echter Erfolg.

Und sicher nicht der letzte.

Ein Abdruck für die Ewigkeit

Tierspuren lassen sich ganz einfach konservieren – mit Gips

SO WIRD'S GEMACHT:

Schritt 1: Ring aus Karton über das Trittsiegel stülpen (hier das eines Rehs)

Schritt 2: Flüssigen Gips in den Ring gießen

Schritt 3: Gips glatt streichen

Schritt 4: Nach dem Aushärten fertigen Gipsadruck entnehmen

Lesetipp Mit »Spuren lesen: Geschichten, die uns die Fährten der Tiere erzählen« (Quadriga) inspirieren Stefanie Argow und Ulrike Fokken dazu, selbst rauszugehen – und die Natur zu erkunden.

Unterwegs mit Experten Wer mehr über das Fährtenlesen lernen möchte, findet hilfreiche Anleitungen und Kursangebote unter hiddentracks.eu, bewandert.eu oder spurwander.com.

Leicht wie ein Brief:
20
Gramm wiegt eine Rauchschwalbe

Gegabelter Schwanz und rostrote Kehle? Das kann hier nur eine Rauchschwalbe sein

Die *Sommergäste* sind da!

Schwalben suchen die Nähe von Menschen. Und wir freuen uns jedes Jahr auf ihre Rückkehr. Denn die Globetrotter tragen den Sommer im Gepäck

Text: Katharina Jakob

Aus bis zu **1500** *Lehmkügelchen besteht ein Nest*

Klebkunst

Rund 8000 Mal fliegt ein Mehlschwalbenpaar zur Fütterung der hungrigen Mäuler

Die Sommergäste sind da! Eilends nehmen sie ihre Quartiere in Beschlag, manche finden sogar noch das Nest vom vergangenen Jahr. Es sind Mehlschwalben, zierliche Vögel mit sanft gegabeltem Schwanz, weiß blitzenden Bäuchen und weiß gefiederten Füßen. Nicht einen Moment wollen sie sich von ihrer langen Reise ausruhen. Geschäftig und geschwätzig geht es hin und her: ankommen, einrichten, wieder ausschwärmen. Ihr Zirpen in der Luft klingt wie ein Gruß an die Nachbarn: Hallo, ihr auch hier?

Wer Schwalbennester am Haus hat, darf sich jetzt wie ein Pensionswirt freuen: Im Nu sind alle belegt. Dabei ist es noch immer ein Rätsel, wie es den Vögeln gelingt, jedes Jahr ihr Sommerdomizil so zielsicher wiederzufinden. Hilft ihnen das Magnetfeld der Erde dabei? Von jenseits der Sahara sind sie aufgebrochen, manche sogar von Afrikas Südspitze. Das ist eine Zugroute von rund 10 000 Kilometern!

Ungeheuer fleißig

Einzelne Vögel treffen schon im zeitigen Frühjahr ein, aber die überwiegende Mehrheit kehrt erst im Mai zurück – weshalb eine Schwalbe ja auch noch keinen Sommer macht, wie es treffend heißt. Nur ein halbes Jahr lang bleiben die Vögel bei uns, doch in dieser Zeit sind sie ungeheuer fleißig. Sie ziehen zwei Bruten groß, manchmal sogar drei. Und dann sind sie auch schon fast wieder weg.

Ende September versammeln sich die Mehlschwalben, etwas später ihre Verwandten, die Rauchschwalben, um die Reise in die Winterquartiere anzutreten. In den Schwärmen sind auch die gerade erst flügge gewordenen Jungvögel dabei. Kaum der Kinderstube entwachsen, gehen die Kleinen schon auf Weltreise – aus eigener Flügelkraft.

Auch Fütterung im Flug ist für die Akrobaten eine Kleinigkeit

10 000 Kilometer legen Schwalben auf ihrer Reise zurück

Seit Hunderten von Jahren zieht es Rauch- und Mehlschwalben in die Nähe der Menschen.

Die früheren Felsenbrüter sind zu Kulturfolgern geworden, mehr noch: Sie brauchen unsere Häuser, um zu nisten. Mehlschwalben suchen sich überstehende Dächer, um ihre Lehmnester darunter anzukleben. Dabei wohnen sie gern dicht an dicht, wie in einer winzigen Reihenhaussiedlung, knapp über den Köpfen von Menschen. Sie haben keine Scheu, sogar in Großstädten zu brüten, etwa in »→

Schnelle Brüter: Bis zu dreimal in einem Jahr ziehen Rauchschwalben Junge groß

250 000
Insekten erjagt ein Mehlschwalbenpaar für seine Jungen

Uferschwalben graben bis zu ein Meter lange Brutröhren in sandige Steilufer

Felsenschwalben wandern aus dem Mittelmeerraum auch langsam bei uns ein

Bis zu

300

Kilometer fliegen Rauchschwalben am Tag

Schnäbelei

Mehlschwalben verdanken ihren Namen ihren hellen Bäuchen – und verhalten sich höchst sozial

Hamburg an einer sechsspurigen Straße. Oder am Mainzer Fußballstadion, wo sich in manchen Jahren um die 160 Paare einfinden.

„Wenn Schwalben am Haus wohnen, geht das Glück nicht verloren", sagt ein Sprichwort. In vielen Kulturen gelten die Vögel als Glücksbringer, weil sie den Sommer in ihren Flügeln mitbringen und Unmengen von Insekten vertilgen.

Das wussten die Landwirte früherer Tage zu schätzen. In ihren Ställen kamen die Rauchschwalben unter, die lieber ländlich wohnen und das Innere von Gebäuden aufsuchen. Ihre Nester bauten sie früher sogar in Schornsteinen und Rauchfängen, eine Eigenart, der die Vögel ihren Namen verdanken.

Zeigen sie das Wetter an?
Rauchschwalben im Flug zu erkennen ist leicht. Ihre blauschwarz schimmernden Federn laufen im einzigartigen Gabelschwanz aus und bilden zwei lange Spieße. Ein anderes typisches Merkmal ist ihr rostroter Kehllatz, der für die Paarung wichtig ist. Je intensiver gefärbt ein Männchen daherkommt, desto attraktiver

> Wer Schwalben ein Zuhause bieten möchte, kann sie mit einer Klangattrappe anlocken: Das Gerät ahmt die Rufe einer Kolonie nach.

wirkt es auf Weibchen. Was dazu führt, dass in manchem Rauchschwalbennest eine Art Kuckucksei liegt. Es stammt nicht vom Partner, der die Brut mitversorgt, sondern von einem kräftig gefärbten Rivalen, mit dem sich das Weibchen heimlich eingelassen hat.

Als es noch richtige Mückenplagen gab, waren die Landbewohner dankbar für ihre Sommervögel, die ihnen die Insekten vom Leib hielten. Und die ihnen auch das Wetter anzeigten: Schossen Schwalben im Tiefflug über die Felder, zog womöglich ein Gewitter

Von echten und von falschen Schwalben

Manche Vögel wirken nur, als seien sie mit unseren Schwalben verwandt

Akrobaten der Lüfte Neben den Mehl- und Rauchschwalben gibt es hierzulande noch die Ufer- und die Felsenschwalben (die jedoch nur vereinzelt in Baden-Württemberg vorkommen, 2015 waren es 13 Brutpaare). Und dann gibt es eine Reihe von Vögeln, die manch einer für Verwandte der Schwalben halten mag. Die Küstenseeschwalbe etwa (eine Cousine der Möwen), die Seglervögel (zu denen auch die Kolibris gehören) und der Ziegenmelker, ein Vertreter der Nachtschwalben.

auf, denn Fluginsekten blieben nun in Bodennähe. Während hochfliegende Schwalben auf sonniges Wetter hindeuteten, denn ihre Beute tummelte sich weit oben in der warmen Luft.

Ein Kilo Insekten!

Es klingt nahezu unglaublich, aber für jede Brut muss ein Schwalbenpaar rund ein Kilogramm Stechmücken, Blattläuse, Fliegen, Spinnen und Libellen fangen. Wo sie selber doch nur eine Handvoll Vogel sind, ein Leichtgewicht von kaum 20 Gramm. Doch Schwalben sind trotz ihrer geringen Größe kapitale Luftjäger und erreichen ein Tempo von bis zu 80 Stundenkilometern.

Wer die Vögel bei ihren halsbrecherischen Sturzflügen beobachtet, mag sich fragen: Wie nur gelingt es ihnen, dabei noch eine Mücke wahrzunehmen?

Die Erklärung: Weil ihre Augen Präzisionsinstrumente sind. Wo wir Menschen rund 20 Bilder pro Sekunde verarbeiten können, schaffen Schwalbenaugen nahezu das Dreifache. Auch kann sich jedes einzeln auf verschiedene Entfernungen einstellen. Während das linke Auge etwa in die Ferne blickt, kann sich das rechte auf ein Objekt in der Nähe fokussieren.

Mittlerweile wird die Freundschaft von Schwalbe und Mensch auf eine harte Probe gestellt. Das moderne Leben mit seinen versiegelten Landschaften, den unzugänglichen Ställen und dem Rückgang der Insekten macht es den Vögeln schwer, Brutplätze und Nahrung zu finden.

Auch fehlen ihnen die Lehmpfützen, aus denen sie Baumaterial für ihre Nester holen. Und oft auch das Verständnis von Hausbesitzern, die Nester aus Angst um ihre Fassaden entfernen – was im Übrigen verboten ist.

Denn Schwalben gehören zu den geschützten Arten, und ihre Nester dürfen nicht beschädigt werden.

Wer ihnen helfen möchte, kann Kunstnester am Haus anbringen. Verunreinigungen durch Vogelkot lassen sich mithilfe von Brettchen verhindern, die man darunter schraubt. Sogar in Carports und offenen Garagen können Rauchschwalben brüten. Dort sind sie vor Wind und Wetter geschützt, solange sie freien Zugang haben.

Wenn ein Vogelfreund ihnen dann noch Pfützen anlegt und im Garten auf die Gäste auch im nächsten Sommer wieder wie fröhlich lärmende Ausflügler in ihre Quartiere ein – und erfreuen sich an der Nähe zu Menschen.

In luftiger Höhe, nahe am Mauerwerk, bettet die Rauchschwalbe ihre Eier

Durch alle Jahreszeiten begleitet der britische Natur-Autor Stephen Moss die Rauchschwalbe in seinem Buch „Über die Schwalbe“ (Dumont).

Der Naturschutzbund Nabu hat eine Plakette für all jene entworfen, die Schwalben ein Zuhause bieten. Bewerbung unter www.nabu.de.

Kennen Sie den *Gladiator* des Waldes?

Text: Marlene Göring Illustration: Rainer Harf

Der größte Käfer Europas ist eine imposante Erscheinung. Und beeindruckend sind auch die Rangeleien, die sich die Männchen im Sommer liefern. Den Sieger erwartet ein wahrlich rauschhaftes Liebesfest

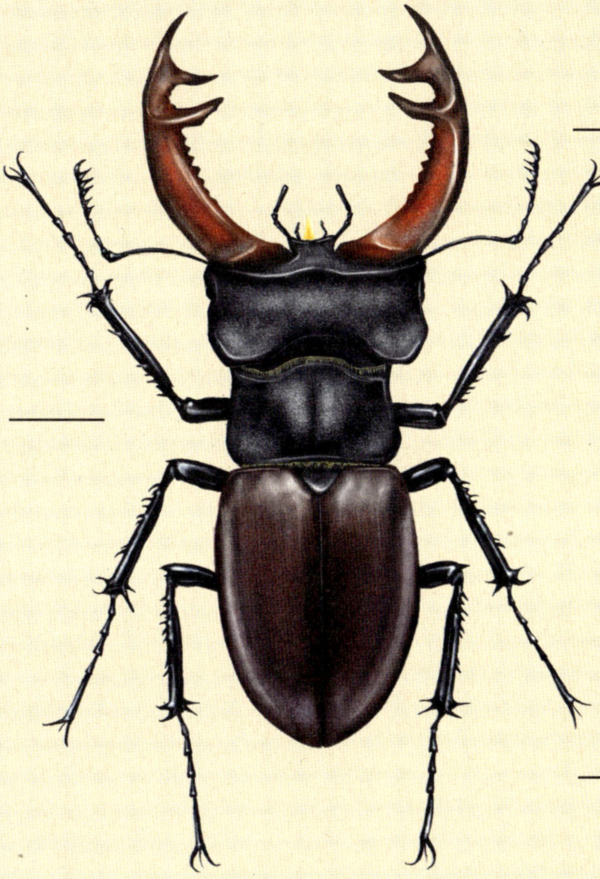

Im Römischen Reich hat man die geweihförmigen Kiefer teils als Amulette getragen

Die Männchen werden bis zu acht Zentimeter lang, die Weibchen sind mit fünf Zentimetern etwas kleiner

Die Käfer leben in lichten Eichenwäldern, an sonnigen Waldrändern oder auf Obstwiesen

Ein massiger Panzer, sechs stachelbewehrte Beine und Oberkiefer, die aussehen, als könnten sie Knochen brechen – so kennen wir den Hirschkäfer. Dabei führt der größte Käfer Europas ein Doppelleben. Die meiste Zeit verbringt *Lucanus cervus* nämlich im Verborgenen: Fünf, sogar bis zu acht Jahre lang wühlt und kaut er sich als Larve durchs Erdreich, am liebsten an alten Baumstämmen. Das hat ihm auch seinen Beinamen – Schröter – eingebracht: Er schrotet, also zersetzt, das tote Holz.

Hat der Schröter seine Arbeit vollbracht, ist seine Zeit für die Arena gekommen. Dann verwandelt er sich in den beeindruckenden Klotz, der an Sommerabenden umherfliegt. Drei Dinge hat er dabei im Sinn: die Liebe, das Gelage und den Gegner, der ihm beides streitig machen will. Denn ihm bleiben nur Wochen bis wenige Monate, um Siege zu erlangen und Nachkommen zu hinterlassen – oder ruhmlos zu sterben.

Der Showdown spielt sich in der Regel auf einem Ast ab. Zwei Männchen nähern sich einander, tastend und taktierend, bis einer der beiden zupackt. Die Geweihe verkeilen sich. Im Zangengriff drängen, rempeln, stoßen sich die Gegner hin und her. Bis der Stärkere den Schwächeren vom Boden löst – und ihn mit einem Ruck in die Tiefe schleudert.

Der Sieger sucht nun das Weibchen, das schon in der Nähe wartet. Es hat derweil eine Wunde in die Rinde geschlagen, aus der köstlicher Baumsaft rinnt – das Männchen ist mit seinen monströsen Oberkiefern dazu nicht in der Lage. Dafür sind die nützlich, um die Braut beim Liebesspiel festzuhalten.

Das endet manchmal verfrüht und im Rausch, inklusive unsanfter Landung auf dem Waldboden: Der Baumsaft kann zu Alkohol vergären. Mehrere Tage dauert das Bacchusfest. All seine Kräfte verbraucht, stirbt das Männchen kurz darauf. ●

Die Selbstheilungskräfte der Natur zuzulassen bedeutet auch, Kontrolle aufzugeben – Überraschungen sind da nicht ausgeschlossen

Jeder kann im eigenen Garten erleben, wie rasch sich Bäume selber pflanzen!

Wächst dort, wo es sonst keiner tut: Als Pionierpflanze ist Klatschmohn oft der erste Farbtupfer auf Brachflächen – und zeigt an, dass die Wildnis auf dem Vormarsch ist

Wie **die** *Natur* sich selbst **heilt**

Nur 0,6 Prozent der Landfläche Deutschlands gelten als unberührte Wildnis. Doch die gute Nachricht ist: Wo immer wir der Natur Raum geben, kehrt sie völlig eigenständig zurück

Text: Peter Wohlleben

Urwaldriesen

Wenn wir unsere Finger aus dem Spiel lassen, hat der heimische Urwald wieder Zukunft!

Umwucherte Ruinen zeigen eindrucksvoll, wie sich das Grün angestammte Gebiete zurückerobert

8883 Naturschutzgebiete hat Deutschland. Viele sind aber sehr klein

Zarte Kraft

Ein Weidenröschen hat sich erfolgreich durch eine Lücke im Asphalt gekämpft – und bewiesen, wie zäh es ist

Ursprüngliche Feuchtgebiete zählen zu den wenigen Flächen, die der Mensch nicht gestaltet hat

Selbst Bauwerke wie dieser altertümliche Aquädukt sind Orte zum Wurzelschlagen

Lichtkeimer besiedeln schon nach kurzer Zeit freie Flächen wie diese verlassene Bahntrasse

Über Jahrhunderte gesehen sind die Kräfte der Natur stärker als jedes Bauwerk

1000
Jahre alt werden einzelne Eichen – wenn man sie lässt

Hoffnungsträger: Wo immer Keimlinge emporkommen, hat Wildnis eine Chance

Seit etwa

450

Jahren ist auf der Ostsee-Insel Vilm kein Baum mehr gefällt worden

In Deutschland haben die Menschen gründlich aufgeräumt. So gründlich, dass es hier praktisch kein Fleckchen echte Natur mehr gibt, zumindest dann, wenn man damit einen völlig unberührten Lebensraum meint. Überall dort, wo kein Wasser und keine Moore waren, herrschte der Urwald mit mächtigen alten Buchen und Eichen. Er ist verschwunden, doch ist dies unwiderruflich so? Dazu sollten wir uns anschauen, welche Selbstheilungskräfte die Natur noch hat. Falls Sie öfter mit der Bahn fahren, sitzen Sie dabei in der ersten Reihe.

Denn vor vielen Bahnhöfen gibt es Ecken, die nicht mehr genutzt werden und sich selbst überlassen bleiben. Hier wachsen erstaunlich rasch junge Wälder heran, meist aus Sandbirken, Zitterpappeln und Weiden. Diese Baumarten gelten als Pioniere, deren Samen weit fliegen.

Im Gegensatz zu unseren heimischen Urwaldbaumarten brauchen solche Vorreiter nicht den Schatten ihrer Mutterbäume, sondern können auch auf blankem Boden im prallen Sonnenschein Fuß fassen. Im Extremfall siedeln sie sogar auf den Mauern von Industrieruinen, was in heißen, trockenen Sommern eine echte Meisterleistung ist. Haben Birken und Pappeln Fuß gefasst, wird es für andere Baumarten leichter, ihnen zu folgen. Im Schatten unter den Pionieren, die mit ihrem Laub ersten Humus bilden, können empfindlichere Buchen, Eichen oder Ahorne folgen.

Oft ist nicht vorhersehbar, in welche Richtung ein Gebiet sich entwickelt

KEIMLINGE: Jedes Beet oder auch mancher Balkonkasten offenbart die Dynamik der Natur

Ähnlich würde es auf vielen Flächen ablaufen, die wir der Natur zurückgeben. Schauen Sie doch einmal in die Beete oder auf den Rasen, welche Baumsämlinge dort auf ihre Chance warten. Selbst in Balkonkästen taucht regelmäßig Nachwuchs von Weiden, Pappeln oder Eichen auf. Eicheln werden dort von Krähen oder Eichelhähern deponiert, die oft nicht so viel Winternahrung benötigen, wie sie im Herbst versteckt haben. Was nicht gebraucht wird, zeigt sich im nächsten Frühling als Sämling.

Kommt also überall Wald zurück (von Mooren und Gewässern abgesehen), wenn wir die Finger aus dem Spiel nehmen? Genau so ist es, und was vielleicht ein wenig eintönig klingt, ist es in Wahrheit gar nicht. Denn Waldnatur bedeutet zum Beispiel in Flusstälern durchaus auch größere Bereiche mit nur lockerem Baumbestand. Hier finden Gräser und Kräuter Platz, hier gibt es große Pflanzenfresser, sofern wir sie nur zulassen. ⤔

60

Jahre

benötigen Eichen etwa, bevor sie in der Lage sind, keimfähige Samen zu bilden. Allein 400 Schmetterlingsarten leben direkt oder indirekt von dem Baum

Tiere in der Todeszone 35 Jahre nach dem Atom-Gau von Tschernobyl streifen heute Füchse, Elche und Wölfe durch das verlassene (und noch immer verseuchte) Gebiet, Wälder machen sich breit.

Wilder Osten Ausgerechnet jene Orte, die der Mensch besonders intensiv genutzt hat (Truppenübungsplätze, Braunkohlereviere) werden zunehmend wilder. Die meisten liegen in Ostdeutschland.

Mehr als

100

Rudel Wölfe leben wieder in Deutschland

Selbstheilung der Natur heißt nämlich auch, dass nicht nur die Vegetation, sondern auch all die hier einst heimischen Tierarten wieder zurückkommen, sofern sie nicht ausgestorben sind. Und unter den noch Lebenden sind beeindruckende Gesellen!

Wie wäre es zum Beispiel mit Elchen? Sie waren einst in ganz Deutschland heimisch und versuchen auch heute immer wieder, zu uns zurückzuwandern. Früher war es der Eiserne Vorhang, heute ist es meist der Straßenverkehr, der eine rasche Rückkehr verhindert, weil die bisher nur vereinzelt auftretenden Tiere Unfällen zum Opfer fallen – leider haben Elche keine Angst vor Autos, und das sorgt bei bis zu 800 Kilo Lebendgewicht für heftige Kollisionen. Trotzdem könnte sich hier wieder eine Population aufbauen, wenn wir es zulassen, wie zum Beispiel im dünn besiedelten Brandenburg. Hier ziehen wieder einige Elche ihre Bahn, die aus dem Nachbarland Polen zugewandert sind.

Selbstheilung der Natur bedeutet auch, dass größere Tiere zurückkehren

RAUBTIER: Die Rückkehr des Wolfes ist ein gutes Beispiel für die Selbstheilung der Natur

Ein anderer Zuwanderer ist der Wolf. Auch er besiedelt das Territorium wieder, von dem er einst durch uns Menschen verdrängt beziehungsweise ausgerottet wurde. Einer der letzten Wölfe wurde Ende des 19. Jahrhunderts in meinem Heimatdorf Hümmel gejagt, und just in den letzten Wochen ist der erste Wolf seit Langem wieder aufgetaucht.

Als Einzelgänger hat er leider auch Schafe gerissen und zeigt damit ein Problem auf, welches wir bisher nur in fernen Ländern sahen: Die Bevölkerung muss sich mit der Rückkehr der Natur und all ihren Arten arrangieren. Denn das ist die Krux: Ein bisschen Natur zuzulassen funktioniert nicht. Natur ist schließlich ein Prozess, der ohne aktives Zutun des Menschen abläuft. Immer wenn wir eingreifen, wird dieser Prozess behindert oder kommt gar zum Stillstand. Denken Sie an den heimischen Rasen mit den kleinen Baumsämlingen. Jeder Schnitt verhindert die Wiederbewaldung, und das ist im privaten „Revier" auch völlig in Ordnung.

Oft ist die Richtung für uns nicht vorhersehbar und sorgt in Kombination mit dem Klimawandel für Überraschungen. So wandert der Goldschakal bei uns ein, ein Beutegreifer, der größenmäßig zwischen Fuchs und Wolf liegt. Er war hier nicht zu Hause und weitet mit den steigenden Temperaturen sein Territorium immer weiter nach Norden aus. ➻

Der Goldschakal ist ein tierischer Neubürger in Deutschland

Geschützte Zonen In deutschlandweit 13 Nationalparks dürfen Bäume teils ungestört wachsen, sterben und vergehen: von der Boddenlandschaft bis zu den Berchtesgadener Alpen.

Gekommen, um zu bleiben Seit einigen Jahren taucht bei uns der Goldschakal auf. Über die Ausbreitung des nacht- und dämmerungsaktiven Tieres ist bislang jedoch wenig bekannt.

Keine Ritze im Gestein bleibt ungenutzt – zeigt dieser Streifenfarn

Wenn wir es zulassen, könnten Elche in Deutschland wieder eine Population aufbauen. Einst waren sie hierzulande heimisch

Ehemalige Truppenübungsplätze sind für den Wolf ideale Refugien

800 Kilogramm

bringt mancher Elch auf die Waage. Einige Tiere versuchen, wieder zu uns zurückzuwandern – etwa vom benachbarten Polen nach Brandenburg

Buchen- und Eichenurwälder sind unsere heimische, ursprüngliche Wildnis

Mehr als

7

Meter Stamm-umfang haben die ältesten Buchen

Auch dies ist ein natürlicher Prozess, wobei die Verschiebung der Klimazonen unnatürlich, weil menschengemacht ist. Die Natur heilt sich selber, aber das kann auch bedeuten, dass sie nicht zu alten Zuständen zurückfindet, sondern sich möglicherweise in neuen Gleichgewichten einpendelt.

Wir müssen der Natur erlauben, das zu machen, was sie will!

ZUKUNFT: Wir sollten keine Angst vor Kontroll-verlust haben, sondern Überraschungen zulassen

Die Frage ist also nicht, ob die Selbstheilungskräfte der Natur momentan noch funktionieren, sondern vielmehr, ob und wo wir sie zulassen möchten. Solche Orte werden amtlich erfasst und aufsummiert. Aktuell werden von der Landfläche Deutschlands 0,6 Prozent als Wildnis eingestuft. Wildnisgebiete sind nicht unbedingt besonders ursprünglich und wild; sie erlauben der Natur aber, dass sie dort machen kann, was sie will. Politisches Ziel waren übrigens zwei Prozent bis 2020. Das darf ruhig noch ein bisschen mehr werden!

Die Selbstheilungskräfte der Natur zuzulassen bedeutet immer auch, Kontrolle aufzugeben. Doch ohne Kontrolle gibt es auch mehr Überraschungen, und zwar sehr positive. Falls Sie eine solche „Selbstheilungsecke" im Garten oder einem öffentlichen Grundstück beobachten möchten, empfehle ich die Dokumentation mittels einer Zeitreihe von Fotos. Dann sehen Sie am besten, wie sich das Fleckchen Erde über die Jahre verändert, und dass ein vermeintlicher Stillstand tatsächlich eine vergleichsweise rasche Entwicklung darstellt.

Der größte Vorteil solcher Beobachtungen ist der Optimismus, den sie mit sich bringen. Denn sie zeigen ganz deutlich: Die Selbstheilungskräfte der Natur existieren immer noch. ●

Film-Tipp In seiner neuen Dokumentation »Heimat Natur« (Kinostart 10. Juni) zeigt der preisgekrönte Naturfilmer Jan Haft wilde Paradiese vor unserer Tür – von den Alpen bis zur See.

Naturschutz Die Wildnis kehrt zurück in den Bayerischen Wald. In einem erstaunlichen Experiment entsteht dort ein »neuer« Urwald: Seit gut 40 Jahren wird die Natur sich selbst überlassen.

Strom *des Lebens!*

Obwohl ein Bach ständig in Bewegung ist, bietet er Zuflucht für eine verblüffende Vielzahl von Pflanzen und Tieren. Was ist deren Geheimnis?

Text: Sebastian Witte
Illustrationen: Brigitte Baldrian

(4) Wasseramsel
Cinclus cinclus

(2) Flussperlmuschel
Margaritifera margaritifera

(3) Biber
Castor fiber

(1) Korbweide
Salix viminalis

Auch im und am *Wasser* gilt: Die Großen profitieren von den Kleinen

(7)
Graureiher
Ardea cinerea

(5)
Sumpfdotterblume
Caltha palustris

(8)
Bachforelle
Salmo trutta fario

(6)
Elritze
Phoxinus phoxinus

(9)
Flusskrebs
Astacus astacus

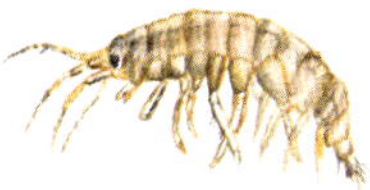

(10)
Bachflohkrebs
Gammarus fossarum

Profiteure der Strömung

Korbweide (1) Gedeiht am besten an wassernahen Standorten und ist Futterpflanze für etliche Raupen

Flussperlmuschel (2) Bedrohte Art, die Nahrung aus der Strömung filtert und bis zu 280 Jahre alt wird

Biber (3) Der Landschaftsarchitekt leitet mit seinen Dämmen ganze Flüsse um

Wasseramsel (4) Lebt von Wasserinsekten, die sie tauchend erbeutet

Sumpfdotterblume (5) Dank ihrer schwimmfähigen Samen breitet sie sich etwa entlang von Bächen aus

Elritze (6) Kleiner, lebhafter Schwarmfisch, der seine Eier an Steine heftet

Graureiher (7) Stakst durch seichte Gewässer und sticht blitzschnell nach Fischen, Fröschen, Molchen

Bachforelle (8) Mit dem Kopf gegen die Strömung beansprucht sie ein Revier

Flusskrebs (9) Größte heimische Krebsart, die gern Wohnhöhlen in der Uferböschung gräbt

Bachflohkrebs (10) Ernährt sich von Falllaub, toleriert keine Verschmutzungen

Die Illustratorin ***Brigitte Baldrian*** lebt in Niederösterreich und gestaltet unter anderem Natur- und Kinderbücher

Nicht mehr als
5
Meter Breite hat ein gängiger Bach

Elixier: Wo Wasser strömt, nimmt es reichlich Sauerstoff auf

E

Es ist erstaunlich, wie viel wildes Leben sich an einem gluckernden Bach tummelt – was da alles hüpft und rudert, sich festkrallt und davontreibt, von oben hinein- und von unten hinausspäht! Schließlich ist ein Bach ständig in Bewegung. Müsste er da nicht dauernd von seiner eigenen Strömung leergeräumt werden?

Mit Tricks gegen den Strom

Eine wichtige Antwort erhält man schon durch genaueres Hinschauen. So überzieht eine millimeterdünne organische Schicht den gesamten Bachboden, ein „Biofilm". Und es konzentriert sich darin ein großer Teil der Lebensvielfalt des Gewässers: Algen, Bakterien, Pilze, Rädertierchen, Fadenwürmer.

Der Biofilm ist Nahrungsquelle für eine Reihe von Insekten. Diese „Weidegänger" müssen das Kunststück fertigbringen, gleichzeitig zu fressen und sich gegen die Strömung zu behaupten. Das gelingt ihnen dank einer Vielzahl raffinierter Haft-Techniken. Auf vielen Steinen etwa sitzen aus winzigen Kieselkörnchen zusammengesetzte Buckel: Gehäuse von Köcherfliegenlarven. Die Larven wiederum spielen eine immens wichtige Rolle für andere Kostgänger im Ökosystem Bach: Manche Fische ernähren sich fast ausschließlich von ihnen – oder den eierlegenden Fliegen.

Neben ausreichender Beute bestimmt noch eine weitere Zutat das Artspektrum unter Wasser: Sauerstoff. Am Oberlauf reißt die Strömung vergleichsweise viel Luft mit sich. Essenziell für Fische, die sich in der starken Strömung halten oder sogar gegen sie bewegen wollen – und wie die Lachse eine kräftige Muskulatur ausgebildet haben, für die sie viel Sauerstoff brauchen.

An der Mündung ist das Wasser dagegen meist sauerstoffärmer. Hier siedeln Organismen wie die roten Zuckmückenlarven, in deren Körperflüssigkeit der Blutfarbstoff Hämoglobin zirkuliert, der Sauerstoff sehr effektiv bindet und transportiert.

Von wegen leergeräumt: So komplex ist das Biotop Bach, dass sich allein aus der Familie der Zuckmücken in manchem Strom weit mehr als 100 Arten finden! ●

Bach-Spezialisten

Je nachdem, mit welchem Gefälle und welcher Strömungsgeschwindigkeit ein Gewässer dahinfließt, zieht es unterschiedliche Bewohner an

Hecht
Der Räuber sucht Deckung in Ufernähe und frisst Fische aller Arten – auch seinesgleichen

Eisvogel
Fische, Wasserinsekten, Kleinkrebse und Kaulquappen erspäht er von seiner Sitzwarte

Königslibelle
Überwiegend blau oder grün gefärbt mit durchsichtigen Flügeln

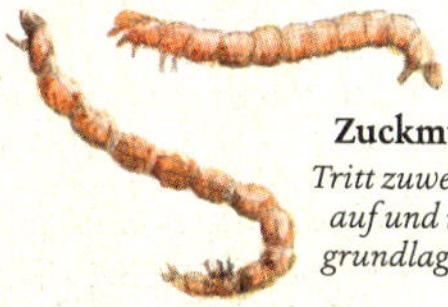

Zuckmückenlarve
Tritt zuweilen in Massen auf und ist Nahrungsgrundlage vieler Fische

Gebänderte Prachtlibelle
Bewohnt langsam fließende Gewässer, die ausreichend besonnt sind

Fischotter
Zählt zu den besten Schwimmern unter den Landraubtieren und bevorzugt zugewachsene Ufer

Sumpfschwertlilie
Gedeiht besonders gut in sonnenbeschienenem Wasser bis 20 Zentimeter Tiefe

Typologie

Gebirgsbach Aufgrund des Gefälles starke, sauerstoffreiche Strömung, die viel Erosion bewirkt

Mittelgebirgsbach Weniger Gefälle lässt kleinere Inseln und Kiesbänke entstehen – Nischen für verschiedenste Lebewesen

Flachlandbach Hier ist das Gefälle am geringsten, das Wasser fließt in Mäandern dahin, Pflanzen können in Sedimenten wurzeln

Jährlich verdunsten mehr als 400 000 Kubikkilometer Wasser aus den Meeren, kondensieren und gehen als Regen oder Schnee nieder, etwa ein Drittel davon über dem Land. Dort, wo sich das Wasser auf dem Rückweg zum Meer sammelt, entstehen stehende und fließende Gewässer – darunter Seen, Teiche oder periodisch überflutete Feuchtgebiete sowie Flüsse und Bäche. Gerade sie schaffen eine Vielzahl von Nischen – und bringen so komplexe Lebensgemeinschaften hervor

Bis zu
233
Tiere können pro Hektar leben

Auf schwankenden Ähren sitzt der kleine Nager und geht einer seiner Lieblingsbeschäftigungen nach: Körner knuspern

Hier kommt ein *kleiner Kletterkünstler*

Sie ist einer der zierlichsten Nager der Welt, wiegt kaum mehr als eine Euromünze. Doch umso größer kommt die Zwergmaus raus, wenn sie sich akrobatisch in luftige Höhen schwingt

Text: Dela Kienle Fotos: Jean-Louis Klein & Marie-Luce Huberte

Bis zu
8
Junge bringt eine Mutter pro Wurf zur Welt

Geschickt basteln sich die Weibchen aus zerfaserten Blättern ein Kugelnest. In dem luftigen Domizil gebären sie ihren Nachwuchs

In die *kunstvoll gefertigte* Kugel zieht sich die Einzelgängerin auch zum Ruhen zurück

M

Mit ihren Pfötchen packt die Zwergmaus einen Weizenhalm – und flitzt senkrecht an ihm nach oben. Es stört den kleinen Nager nicht, dass der dünne Halm nun schwankt, sich nach rechts beugt und nach links kippt.

Wie eine Trapezkünstlerin schwingt sich die Maus zum benachbarten Stängel. Und schon hat sie es geschafft: In schwindelerregender Höhe hockt sie nun ganz oben auf der Weizenähre.

Die Klettervorführung ist atemberaubend. Doch nur selten hat man das Glück, sie zufällig in der Natur zu beobachten.

Dabei ist die Eurasische Zwergmaus keineswegs selten: Sie ist in weiten Teilen Europas und Asiens verbreitet. Auch bei uns in Deutschland hangelt sie sich häufig durch Getreidefelder, hohe Riedgräser und Schilf. Doch: Je weniger man sie sieht, desto besser! Schließlich endet das Tierchen leicht im Magen von Füchsen oder Hauskatzen, Eulen oder Falken – als mickriges Appetithäppchen.

Denn was ist schon dran an einer Zwergmaus? Sie ist eines der kleinsten Nagetiere der Welt, so zierlich, dass sie sich durch eine Röhre mit nur einem Zentimeter Durchmesser quetschen könnte. Mit sieben bis elf Gramm wiegt sie kaum mehr als eine Euromünze.

Sie ist nur halb so lang wie die meisten Hausmäuse und sogar viermal kleiner als eine Wanderratte.

Hoch oben auf dem Weizenhalm beginnt die Maus mit ihrem Akrobatenpicknick. Die Ähre, an der sie sich festklammert, ist länger als sie selbst.

Sie bricht sich mit ihren Zähnen ein Körnchen ab, hält es mit ihren Vorderpfoten, entfernt die Schale und knabbert am Innenteil.

Muttermäuse überlassen ihre Jungen schon nach 16 Tagen dem Schicksal – dann sind sie meist bereits wieder schwanger

Etwa
400
Quadratmeter groß sind die Reviere der Maus

Riesiger Appetit

Eine Zwergmaus muss täglich ein Drittel ihres Körpergewichts fressen. Außer Körnern und Samen schmecken ihr Sprossen und Knospen, Beeren und Hagebutten. Und wenn der kleine Nager sie erwischt, knuspert er auch gern Grashüpfer, Motten und andere Insekten.

Auffällig, wie elegant und geschickt die Zwergmaus futtert: Sie kann nämlich die Vorderpfoten frei bewegen, wie Hände benutzen, obwohl sie sich an einen schwankenden Halm klammert. ➳

Beliebte Beute Die allermeisten Zwergmäuse werden in freier Wildbahn nicht älter als sechs Wochen, denn schließlich lauern überall Fressfeinde – etwa Marder, Falken oder Füchse.

Gefährdung In Teilen Europas gehen die Bestände der Zwergmaus zurück, weil Lebensraum zunehmend zerstört oder zerstückelt wird. In Deutschland steht die Art auf der Vorwarnliste.

So winzig sie sind, ihr Appetit ist riesig: Zwergmäuse fressen täglich etwa ein Drittel ihres eigenen Körpergewichts. Beliebt sind neben Körnern auch Insekten wie Grashüpfer

Ihre Nester formen sie noch in knapp zwei Meter Höhe. Zwergmäuse sind auf Gebiete mit Getreide, Riedgräsern oder Schilf angewiesen

Wer *engere Verwandte* der Zwergmaus sucht, muss sich durch asiatische Regenwälder schlagen

Rund

1

Jahr beträgt die maximale Lebenserwartung in der Natur

Zwergmäuse haben einen vielseitig einsetzbaren Greifschwanz, der als »fünfte Extremität« beim Hangeln und Klettern hilft

Die geschickte Kletterin ist eben *keine Mini-Version* einer ganz normalen Hausmaus

Im Gleichgewicht hält sie dafür ihr kräftiger Greifschwanz. Er misst fünf bis sieben Zentimeter und ist damit so lang wie das ganze Tierchen. Ähnlich wie bei manchen Affen dient er als fünfte Extremität: Er ringelt sich unablässig um Halme und Äste und stützt die Zwergmaus bei ihren Klettertouren.

Ja, der Greifschwanz ist sogar so kräftig, dass die Akrobatin längere Zeit kopfunter an ihm baumeln kann.

Der ungewöhnliche Schwanz zeigt deutlich, dass die Zwergmaus keine Mini-Version der normalen Hausmaus ist.

Die beiden Arten gehören nicht einmal zu der gleichen Gattung!

Wer nach engeren Verwandten der Zwergmaus sucht, muss sich durch asiatische Regenwälder schlagen.

Dort hangeln sich zum Beispiel die Pinselschwanz-Baummaus oder die Langschwanz-Klettermaus von Ast zu Ast. »→

Äußerst beliebt bei den kleinen Kletterkünstlern sind süße Früchte – sie spenden viel Energie

Guckguck: Zwar sind Zwergmäuse auch tagsüber unterwegs, doch am aktivsten werden die Nager in den Nachtstunden

Eine Mäusebande

Neben der Zwergmaus leben hierzulande noch eine ganze Reihe anderer Mäuse – einige profitieren von menschlichen Siedlungen

Die Familie der Muridae, der Langschwanzmäuse, ist vielfältig: Weltweit gibt es rund 750 Arten, im deutschsprachigen Raum etwa zehn Spezies. Die überwiegend kleinen Tiere sind anpassungsfähig und kommen in manchen Gegenden in großer Zahl vor: etwa die Brandmaus, die in Parks und Gärten heimisch ist. Oder Wald- und Gelbhalsmaus, die Wälder bevorzugen. Und auch die Hausmaus und die Wanderratte gehören dazu: zwei der erfolgreichsten Spezies, die dem Menschen in fast alle Länder gefolgt sind.

Der Greifschwanz sorgt auch für freie Pfoten beim Nestbau: Zwergmäuse sind zu schwach, um in der harten Erde tiefe Baue zu buddeln.

Stattdessen weben sie sich ein luftiges Domizil. An einem senkrechten Halm fasern sie Blätter aus und formen aus ihnen ein rundes Grundgerüst.

Danach verflechten sie Gräser und andere Pflanzenfasern so geschickt, dass eine dichte Kugel entsteht. Die ist etwas größer als ein Tennisball.

Manchmal hängt so ein Zwergmausnest nur knapp über dem Boden, manchmal schwebt es mannshoch in der Luft. In diese kunstvoll geformte Kugel zieht sich die Einzelgängerin zum Ruhen zurück. Oder zur Jungenaufzucht.

„Sich vermehren wie die Zwergmäuse" – das ist kein geflügeltes Wort. Nur das Karnickel ist wegen seiner hohen Reproduktionsraten berühmt-berüchtigt.

Ein fruchtbares Mäuschen

Doch die Zwergmaus steht ihm kaum nach. Schon einen Monat nach ihrer Geburt ist sie geschlechtsreif. Jedes Weibchen könnte theoretisch pro Jahr vier bis sechs Mal werfen – falls es vorher nicht aufgefressen wird. Nach den meisten Geburten räkeln sich drei bis acht Winzlinge im Kugelnest. Die wiegen weniger als ein Gramm und ähneln pinken Rosinen.

Nur
7 bis 11
Gramm wiegen die Leichtgewichte

MAUS VS. NUSS

Kopf-Rumpf-Länge: 5–7,5 cm

Länge: bis 8 cm
Eine Zwergmaus könnte sich bequem in eine leere Walnussschale legen

Doch die Winzlinge wachsen schnell. Nach acht Tagen tragen die Minimäuse bereits ein samtenes Fell, öffnen ihre Äuglein, und ab dem elften Tag wagen sie sich aus dem Nest.

Meist sind sie gerade einmal sechzehn Tage jung, wenn die Mäusemutter sie ihrem Schicksal überlässt.

Die ist dann häufig schon wieder schwanger und muss bald ein neues Geburtsnest flechten.

Die Nachwuchsartisten hingegen erforschen übermütig ihr Umfeld. Klettern senkrecht die Halme hoch. Erproben sich mit gewagten Schwanzkapriolen.

Und schwingen sich wie grazile Trapezkünstler von Stängel zu Stängel.

Überwinterung Da sie nicht graben, suchen sich Zwergmäuse zum Spätherbst Verstecke in Strohlagern und Scheunen. Oder sie nutzen die verlassenen Gangsysteme anderer Nager.

Anatomie Um an dünnen Halmen zu hangeln, kommt es auf jede Gewichtsersparnis an: Daher besitzt die Zwergmaus ein extrem leichtes Skelett – es macht nur fünf Prozent ihrer Körpermasse aus.

Warum führt sie *Bienen* an der Nase herum?

Text und Illustration: Rainer Harf

Viele Blüten bergen süßen Nektar: Damit locken sie Insekten an, die wiederum als umherschwirrende Boten die Pflanzen bestäuben. Die Blüten mancher Orchideen enthalten keinen Tropfen Nektar, und doch fliegen bestimmte Sechsbeiner förmlich auf sie. Warum?

Ob Buschwindröschen, Fingerhut oder Rittersporn: Viele Pflanzen bilden betörend schöne Blüten. Mit ihnen locken die Gewächse Insekten an: Die Krabbeltiere sind auf süßen Blütennektar aus und nehmen im Gegenzug männlichen Pollen der Pflanzen mit. Den tragen sie zu anderen Blüten und bestäuben sie so. Ein Geschäft zu wechselseitigem Nutzen.

Einen anderen, eher einseitigen Weg schlagen Orchideen der Gattung Ophrys (Ragwurz) ein. Auch ihre Blüten muten bezaubernd an. Und auch auf sie fliegen Insekten: Zum Beispiel steuern bestimmte Bienen der Art *Eucera longicornis* die Schauorgane der Hummel-Ragwurz an, die sich im Mai und Juni öffnen.

Doch etwas ist auffällig: Es sind nur männliche Bienen, die offenbar Interesse an der Blütenpracht zu haben scheinen. Und: Die Insekten zeigen ein eigentümliches Gebaren. Sie setzen sich auf die reich ornamentierte, bräunliche und mit feinen Härchen besetzte Unterlippe der Blüte – und versuchen mit ihr zu kopulieren.

Was die Insekten in Wallung bringt? Die Blüte verströmt ein Bukett bienenspezifischer Sexualhormone. Und die Unterlippe ähnelt, betrachtet durch die Augen des Insektenmännchens, einem Eucera-Weibchen. Ja, selbst die Pflanzenhärchen fühlen sich insektenartig an.

Nach einiger Zeit vergeblicher Liebesmüh schwirren die düpierten Insektenmännchen ab. Für die Orchidee ist der Pseudoakt jedoch alles andere als vergebens. Ein raffinierter Mechanismus bewirkt, dass dem im Sexrausch befindlichen Männchen Pollenpakete auf den Rücken geklebt werden. Und wenn sich die Biene bald wieder täuschen lässt, bestäubt sie damit eine andere Ragwurz-Pflanze.

Der Trick ist für die Orchidee von zweifachem Nutzen: Sie spart die Produktion energiereichen Nektars. ●

Rund
9500
Pflanzenarten (Farne, Moose und Algen eingeschlossen) gibt es in Deutschland

»Dieser kleine Kick, wenn man weiß, *welches Gewächs es ist!*«

Waldveilchen und Buschwindröschen

»Seit einiger Zeit gibt es Smartphone-Apps, die das Pflanzenerkennen nicht nur für botanisch Halbgebildete, sondern ***sogar für komplett Ahnungslose kinderleicht*** *machen. Mittels künstlicher Intelligenz gleichen die Apps Fotos einer gefundenen Pflanze mit einer Bilddatenbank ab – und liefern binnen Sekunden den Namen«*

Smarte Entdeckungen

Was blüht denn da? Diese alte Frage bleibt allzu oft unbeantwortet. Denn die Bestimmung von Pflanzen ist manchmal mühsam. Spezielle Apps für das Smartphone sollen das erleichtern. Aber halten die, was sie versprechen?

Text: Johanna Romberg

Wenn die Pflanzen ihre Blüten zeigen, sind sie noch vergleichsweise leicht zu bestimmen. Schwierig wird es, wenn nur Grün zu sehen ist

*»Pflanzen sind die ›**Basics**‹ **der Natur**, sie sind die Lebensgrundlage aller Tiere (und Menschen). Und doch habe ich bei meinen Ausflügen meist eher nach allem geschaut, was sich bewegt. Bis jetzt«*

Gewöhnliche Schuppenwurz

»Halt stopp, dich *kenn* ich doch. Was sagt das Smartphone?«

Leberblümchen

Schlehe

Bunte Gemeinschaft: Günsel, Stattliches Knabenkraut, Atlantisches Hasenglöckchen, Gewöhnliche Goldnessel und Rote Lichtnelke

Wer in die Natur hinauszieht, muss keine dicken Bestimmungsbücher mehr mitschleppen. Das Wissen steckt nun im Handy

Wieder ist die Natur bunt und belebt, überall zeigen sich sattgrüne Blätter und farbige Blüten. Frühmorgens testen die Amseln ihre noch etwas ungeübt klingenden Stimmen. Was leider ebenfalls da ist, immer noch, ist das Virus, weshalb ich im Moment keine größeren Exkursionen unternehmen kann. Also nutze ich die Krise, um mich dem zuzuwenden, was für mich in jeder Hinsicht naheliegend ist: der Natur vor der Haustür.

Ich will ein Vorhaben in Angriff nehmen, das schon lange auf meiner „Man sollte mal ...“-Liste steht: die heimische Pflanzenwelt besser kennenlernen. Pflanzen sind die „Basics“ der Natur, denn sie bilden, direkt oder indirekt, die Lebensgrundlage aller Tiere (Menschen natürlich eingeschlossen). Außerdem lassen sich aus ihnen die Eigenschaften eines Naturraums ablesen wie aus einem Buch: Kräuter und Sträucher, aber auch Bäume zeigen an, ob der Boden unter ihren Wurzeln Kalkstein, Granit oder Sand enthält, wie dick die Humusschicht darüber ist, wie hoch das Grundwasser steht.

Vor allem verraten Dichte und Artenspektrum des Bewuchses, wie lebendig eine Landschaft ist, wie stark Menschen sie genutzt und von ihrem ursprünglichen Zustand entfernt haben.

Eine Reihe von Pflanzen kenne ich schon, dank der botanischen Halbbildung, die mir als Gärtnerin mit der Zeit automatisch zugewachsen ist. Ich habe jedoch die heimische Wildflora nie so eingehend betrachtet wie Vögel.

Das liegt zum einen daran, dass ich, wie die meisten Birdwatcher, beim Spazierengehen vor allem den Luftraum im Auge habe und nicht so sehr das, was am Boden lebt. Zum anderen muss ich zugeben, dass ich auch den Aufwand des Bestimmens gescheut habe.

Pflanzenkunde ist ein weites, für Gelegenheitsbeobachtende schier unüberschaubares Feld. Das habe ich schon erfahren, als ich noch gemeinsam mit meinen Eltern wandern ging. Weil meine Mutter gern „botanisierte“, hatten wir meist ein Bestimmungsbuch dabei. Es lag schwer wie ein Ziegelstein im Rucksack und half beim Identifizieren »→

4800

Arten erkennt die App Flora Incognita

In ihrem aktuellen Buch »Der Braune Bär fliegt erst nach Mitternacht« beschäftigt sich Johanna Romberg mit Naturschätzen

Auch bei Pflanzen, die bei uns in manchen Gärten wachsen (wie dieser Seidelbast), können einige Apps helfen

dennoch oft nicht weiter, weil es nur ein paar Hundert nach Blütenfarbe geordnete Arten beschrieb.

Allein in Deutschland kommen jedoch an die 9500 verschiedene Pflanzen vor, mehr als 20-mal so viele wie Vogelarten. Den größten Teil machen allerdings Moose und Algen aus.

Seit einiger Zeit gibt es jedoch Smartphone-Apps, die das Pflanzenerkennen nicht nur für botanisch Halbgebildete, sondern sogar für komplett Ahnungslose kinderleicht machen. Sie heißen PlantNet, Naturblick, AndyGarden oder Flora Incognita. Mittels künstlicher Intelligenz gleichen sie Fotos einer gefundenen Pflanze mit einer Bilddatenbank ab – und liefern binnen Sekunden den Namen des Gewächses samt detaillierten Infos zu seinen Eigenschaften, seinem Vorkommen und seinem Schutzstatus.

Ich habe schon vor einigen Monaten Flora Incognita auf mein Smartphone geladen, eine kostenlose App, die von einem Team der Universität Ilmenau entwickelt wurde und auf heimische Wildpflanzen spezialisiert ist. Bislang

Ob Kriechender Hahnenfuß oder Scharbockskraut: Ein Laie sieht vielleicht nur gelbe Blüten, doch eine App erkennt viel mehr

enthält meine in der App angelegte Beobachtungsliste nur eine Handvoll Namen. Aber das wird sich ab sofort ändern. Den letzten Anstoß, mein lange aufgeschobenes Projekt Pflanzenentdeckung endlich anzugehen, hat die „Frühblüherchallenge“ gegeben.

Entdeckt habe ich die Challenge im Internet, auf Twitter. Dort veröffentlicht, unter diesem Hashtag, ein Biologielehrer aus Oberbayern kurze Videos, in denen er Pflanzen vorstellt – solche, die zu Frühlingsanfang ihre Blüten öffnen. Thomas Gerl, so der Name des Lehrers, hat seine Videoserie mit einem Kurzporträt des Leberblümchens begonnen.

Es folgten, im Tagesabstand, Seidelbast, Schneerose, Märzenbecher und Hohe Schlüsselblume. Die Aufnahmen zeigten jeweils die Pflanze sowie Thomas Gerl selbst – einen freundlichen graubärtigen Herrn, der, neben dem Gewächs auf dem Boden liegend, etwas darüber erzählte.

Ich habe erfahren, dass Märzenbecher, Verwandte des Schneeglöckchens, Schnee zum Schmelzen bringen können, indem sie den Stoffwechsel an den Spitzen ihrer Triebe so stark erhöhen, dass diese sich erwärmen.

Ich lernte, dass hochgiftige Nieswurz-Arten die vielleicht älteste Biowaffe der Militärgeschichte sind, weil Griechen mit ihren Blättern Fließgewässer vergifteten – so jedenfalls die Legende.

Ich weiß außerdem jetzt, dass die rosafarbenen Blüten des Seidelbasts direkt aus den holzigen Stängeln sprießen, ein Phänomen, das in der Botanik „Cauliflorie“ genannt wird. „Unnützes Wissen für Angeber“, so bezeichnete Thomas Gerl, mit leiser Selbstironie, solche botanischen Details in seinem Video. Trotz dieser Einteilung, oder gerade deswegen, hat sich das Erzählte in meinem Gedächtnis festgesetzt. Und mich zugleich angeregt, Gerls „Frühblüherchallenge“ anzunehmen.

Ob ich ihr Motto – „Jeden Tag eine neue Art“ – erfüllen kann, weiß ich noch nicht, aber ich habe mir vorgenommen, der Beobachtungsliste so viele neue Pflanzen wie möglich hinzuzufügen, im Idealfall mindestens 100.

Im März habe ich meine erste Exkursion durchs Dorf und durch die Umgebung unternommen. Und dabei festgestellt, dass ich tatsächlich vor einer Herausforderung stand. Um diese Jahreszeit blühte in der norddeutschen Agrarland- ⤞

Viele Apps sind so einfach zu handhaben, dass sie auch im Unterricht eingesetzt werden können

iFlora hilft,

150

Baumarten auseinanderzuhalten

Taubnessel

Einfache Pflanzenbestimmung aus der Hosentasche? Ich finde das wirklich großartig! Und liebe es auch, wenn Menschen sich via Social Media verbinden, etwa unter #krautschau.

schaft nämlich nicht besonders viel. Auf rund vier Kilometern Wegstrecke konnte ich zunächst nur ein paar gelb überhauchte Weidenkätzchen verzeichnen sowie einige gelbe und weiße Sprenkel in den Gräben am Straßenrand: Buschwindröschen und Scharbockskraut, zwei Pflanzen, die sich, wie die meisten Frühblüher, nach der Blüte komplett in den Boden zurückziehen – weshalb ihnen auch häufiges Mähen wenig anhaben kann.

Erst gegen Ende meines Rundgangs entdeckte ich eine dritte Pflanze – an einem Gehölzstreifen, an dem ich bislang achtlos vorbeigelaufen bin. Das Gehölz trennt eine Wohnsiedlung am Dorfrand von den umliegenden Viehweiden. Ein schmaler „Schleichweg" führt hindurch, neben dem ich, bei einem flüchtigen Seitenblick von der Straße aus, etwas schimmern sah, das auf den ersten Blick an feinflorige lilafarbene Auslegeware erinnerte. Aus der Nähe erwies es sich als eine Art natürlich gewachsener Teppich, gewebt aus Hunderten von Taubnesselblüten.

Taubnesseln gehören zu den Allerweltsarten, die sogar in meinem Garten wuchern. Trotzdem spürte ich, als ich sie hier sah, einen leichten Kick – die vertraute Mischung aus Euphorie und Entdeckungsfieber, die ich sonst nur beim Beobachten von Vögeln erlebe, wenn mir eine unbekannte oder länger nicht gesehene Art über den Weg fliegt.

Mithilfe von Flora Incognita identifizierte ich die Pflanze als Purpurrote Taubnessel, wissenschaftlich *Lamium purpureum*. Ein Foto von ihr postete ich auf Twitter unter #Frühblüherchallenge – und bekam prompt Feedback.

Thomas Gerl lud mich ein, weitere Entdeckungen zu teilen. Eine Pflanzenfreundin aus Münster erinnerte sich, dass sie als Kind immer den Nektar aus den Blütenkelchen der Nesseln gesaugt hatte. Eine Freiburger Professorin für Landschaftsökologie erklärte, woran man die Pflanzenfamilie der Lippenblütler, zu der auch die Taubnessel zählt, selbst mit geschlossenen Augen erkennen kann: an ihren kantigen Stängeln und der Stellung der Blätter, die paarweise um 90 Grad versetzt angeordnet sind. „Gegenständig" heißt das auf Botanisch.

Und wieder war ich um ein wunderbares Stück nutzlosen Angeberwissens reicher. Aber das kleine lilafarbene Blühwunder lässt mich hoffen, dass ich bei meinen Exkursionen noch mehr Entdeckungs-Kicks erleben werde. ●

Hilfreiche Apps

Flora Incognita
Experten aus Jena und Ilmenau haben einen Algorithmus mit Millionen von Pflanzenbildern gefüttert. Und mit jeder Nutzung lernt der dazu. Beeindruckend!
floraincognita.com

PlantNet
Schnell, recht treffsicher und vor allem: einfach zu bedienen. Deshalb ist die App für alle Altersgruppen und ohne Vorkenntnisse spielend zu benutzen.
plantnet.org

PlantSnap
Am Ende der Bilderkennung steht eine Auswahl von Gewächsen, aus der man selbst das Richtige aussuchen muss. Vorteil: Eine gigantische Datenbank.
plantsnap.com

iFlora
Hier ist Wissen gefragt, denn die Bestimmung erfolgt klassisch anhand von Merkmalen. Das erspart dem Kenner, ein dickes Buch mitzunehmen.
i-flora.com

Wer den Wissenschaftlern hinter Flora Incognita helfen möchte und gern Pflanzen fotografiert, kann sich zusätzlich die App Flora Capture holen – und so selbst ein bisschen Forscher sein.

Eine Liste mit vielen Natur-Apps und kundigen Bewertungen dazu stellen die Experten für Biologie-Didaktik an der LMU München auf einer Webseite zur Verfügung: bisa100.de.

»Sind Zoos noch zeitgemäß?«

Eingesperrte Tiere, die ihrem natürlichen Drang – zum Beispiel durch riesige Reviere zu streifen – nicht nachkommen können: Lässt sich das rechtfertigen? Und wenn ja, was sollte bei der Einrichtung zoologischer Gärten beachtet werden?

Text: Peter Wohlleben
Illustrationen: Julia Pfaller

Mit **1200** *Spezies gilt der Zoo Berlin als artenreichster weltweit*

Brauchen wir Zoos? Immerhin werden dort wilde Tiere eingesperrt, Tiere, deren Aktionsradius im Extremfall Tausende von Kilometern beträgt. Rainer Maria Rilke hat die ganze Tristesse früherer Einrichtungen in dem beklemmenden Gedicht „Der Panther" eingefangen. Das Tier ist auf allerkleinstem Raum eingesperrt und geistig verkümmert. Aus meiner Kindheit erinnere ich mich an ähnliche Szenen: Manche Tiere liefen hinter den Gitterstäben immer dieselben Schleifen, sodass sich im Beton Mulden im Trittmuster abgewetzt hatten.

Davon sind moderne Zoos Lichtjahre entfernt. So hat etwa der Zoo Hannover mit der „Yukon Bay" eine beeindruckende Illusion der Welt der nördlichen Breiten geschaffen – allerdings aus der Sicht der Besucher.

Hafengebäude und Schiffe sind für die dort ausgestellten Tiere eher uninteressant, und trotz aller Großzügigkeit ist so eine künstliche arktische Welt winzig: Ein Eisbärenrevier ist in freier Wildbahn leicht mehr als 10 000 Quadratkilometer groß, der gesamte Zoo Hannover dagegen nur 0,22 Quadratkilometer. Natürlich unterscheiden sich die Haltungsbedingungen deutlich von denen vergangener Jahrzehnte, geht es den Tieren viel besser als in den alten Schaugehegen. Zudem schrumpft der Lebensraum der wilden Artgenossen drastisch, nicht nur, aber auch wegen der vielen Urlaubsflüge. Ist es da nicht besser, einige wenige Tiere hier bei uns in einer Illusion von natürlichem Lebensraum erleben zu können, ohne zu weit reisen zu müssen?

Ein zweiter, für mich sehr wichtiger Grund ist Empathie. Ohne Mitgefühl ist Umweltschutz viel schwerer umzusetzen. Wer einmal in die Augen von Schimpansen, Elefanten oder Leoparden geschaut hat, wird sich stärker für den Umweltschutz engagieren als bei der bloßen Lektüre von Klima-Horrormeldungen.

Hinzu kommen Programme zum Artenschutz. Etliche Spezies wie Davidshirsch, Wisent oder Przewalski-Pferd wären ohne Zoonachwuchs und Auswilderungen schon von diesem Planeten verschwunden.

Verhängnisvoller Nachwuchs

Was mir weniger gefällt, ist die Darstellung ganzer Tierfamilien ohne die Notwendigkeit der Erhaltungszucht. Wer ständig Nachwuchs zeigen möchte, bekommt Probleme, wenn dieser nicht mehr klein und niedlich ist.

Wohin das führen kann, zeigte der Skandal um den Giraffenbullen Marius. Er lebte 2014 im Zoo von Kopenhagen, stammte aus Inzucht und war deshalb für andere Zoos

unbrauchbar. Weil ihn niemand haben wollte, wurde er getötet und an die Löwen desselben Zoos verfüttert. Wenig später wurde dann der Bestand der Löwen gelichtet, indem zwei ältere Tiere mitsamt Nachwuchs eingeschläfert wurden, um Platz für jüngere Tiere zu machen. Gerade wenn Zoos für mehr Empathie sorgen möchten, gerade wenn das ein starkes Argument für Zoos sein kann, finde ich so einen harten Austausch der Statisten mehr als fragwürdig.

Ist dies der Umgang mit in der Natur gefährdeten Tierarten, den wir der nächsten Generation beibringen möchten? Spräche etwas dagegen, wenn der Bestand in solchen Einrichtungen wenigstens zeitweise ohne Nachwuchs wäre und ein wenig überaltern würde?

Das wäre ehrlicher und würde die Gesamtverantwortung besser unterstreichen: Bildung, Erlebnis und Artenschutz.

Mit diesem Dreiklang behalten Zoos auch in Zukunft ihre Berechtigung.

IMPRESSUM

Gruner + Jahr GmbH, Am Baumwall 11, 20459 Hamburg Postanschrift der Redaktion: Brieffach 24, 20444 Hamburg, Tel.: 040/37 03-0
Internet: www.geo.de/wohllebens-welt

CHEFREDAKTEURE
Jens Schröder, Markus Wolff
CHEFREPORTER
Peter Wohlleben
VERANTWORTLICHER REDAKTEUR
Rainer Harf
RESSORTLEITUNG
Katharina Schmitz
ART DIRECTION
Katja Wegener
TEXTREDAKTION
Marlene Göring, Bertram Weiß, Sebastian Witte
BILDREDAKTION
Carolin Küst
LAYOUT
Ulrike Darwisch
CHEF VOM DIENST/SCHLUSSREDAKTION
Ralf Schulte
TECHNISCHER CHEF VOM DIENST
Rainer Droste
REDAKTIONSASSISTENZ
Ümmük Arslan
HONORARE/SPESEN
Angelika Györffy
GESCHÄFTSFÜHRENDE REDAKTEURIN
Maike Köhler
VERANTWORTLICH FÜR DEN REDAKTIONELLEN INHALT
Jens Schröder, Markus Wolff
PUBLISHER
Frank Thomsen (Stv. Toni Willkommen)
PUBLISHING MANAGER
Patricia Hildebrand
DIRECTOR BRAND PRINT + DIRECT SALES
Heiko Hager, G + J Media Sales
VERANTWORTLICH FÜR DEN ANZEIGENTEIL
Fabian Rother, Head of Brand Print + Direct Sales, G + J e|MS, Am Baumwall 11, 20459 Hamburg. Es gilt die jeweils aktuelle Preisliste. Infos hierzu unter: www.gujmedia.de
SALES DIRECTOR
Franziska Bauske, DPV Deutscher Pressevertrieb
MARKETING
Pascale Victoir
HERSTELLUNG
G + J Herstellung, Heiko Belitz (Ltg.), Oliver Fehling
Litho: Peter Becker GmbH, Würzburg
Druck: Mohn Media Mohndruck GmbH, Gütersloh

Bankverbindung: Deutsche Bank AG Hamburg, IBAN: DE30200700000032280000, BIC: DEUTDEHH
Heft-Preis: 7,00 Euro
ISBN 978-3-652-01076-4; ISSN 2628-4448

USA: WOHLLEBENS WELT is published by Gruner + Jahr GmbH. K.O.P.: German Language Pub., 153 S Dean St, Englewood NJ 07631. Periodicals Postage is paid at Paramus NJ 07652. Postmaster: Send address changes to WOHLLEBENS WELT, GLP, PO Box 9868, Englewood NJ 07631.
KANADA: Sunrise News, 47 Silver Shadow Path, Toronto, ON, M9C 4Y2, Tel.: +1 647-219-5205, E-Mail: sunriseorders@post.com.

GEO-LESERSERVICE

FRAGEN AN DIE REDAKTION
Tel.: 040/37 03 20 84, Fax: 040/37 03 56 48, E-Mail: briefe@wohllebens-welt.de
ABONNEMENT- UND EINZELHEFTBESTELLUNG
Online-Kundenservice: www.geo.de/kundenservice
Tel.: 0049/40/55 55 89 90
Service-Zeiten: Mo–Fr 7.30–20 Uhr, Sa 9–14 Uhr
Postanschrift: GEO-Kundenservice, 20080 Hamburg
Preis Jahresabonnement: 28,00 € (D)/ 32,00 € (A)/44,80 sfr (CH)
Preise für weitere Länder auf Anfrage erhältlich.

BILDNACHWEIS

Anordnung im Layout: l. = links, m. = Mitte, o. = oben, r. = rechts, u. = unten

TITEL
Ramon Haindl
JETZT KOMME ICH!
Martin Demmel/imageBroker/Okapia: 2/3
EDITORIAL
Ramon Haindl: 5 o.; Sandra Bartocha/nature picture library: 5 u. l.; Shutterstock: 5 (Hintergrund)
INHALT
siehe entsprechende Seiten, außer: Peter Wohlleben: 6 o. l.; Jean-Louis Klein & Marie-Luce Hubert: 6/7 o.; Shutterstock: 6/7 (Hintergrund)
WO DER WALD AUF DAS MEER TRIFFT
Frank Sommariva/imageBroker/Okapia: 8/9; Peter Wohlleben: 8, 10 o. l., 15 o. l., 16 o. l.; Andreas Vitting/imageBroker/Okapia: 10 u.; Sandra Bartocha/nature picture library: 11; Kilian Schönberger: 12/13; Frederik/imageBroker/Okapia: 14, 15 u.; AVTG/imageBroker/Okapia: 16 u.; Illustrationen: Luis & Marta Montanya/Science Photo Library: 10 o. r.; DigitalVision Vectors/Getty Images: 15 o. r.; Hulton Fine Art Collection/Getty Images: 16 o. r.
DAS WISSEN DER BIENEN
Ingo Arndt/nature picture library: 18, 19, 20 o. l., 20 u. l., 20 u. r., 22 m. l.; Ingo Arndt/Minden Pictures 20 o. r., 20 m. r., 21 u., 22 o. l., 22 o. r., 22 u. r., 22 u. r.; Shutterstock: 20-23 (Hintergrund); Ingo Arndt: 21 o. r., 23 u. l.; Ramon Haindl: 23 o. r.
WARUM HAT DAS EICHHÖRNCHEN SO EINEN BUSCHIGEN SCHWANZ?
Illustration: Rainer Harf: 25
LEGAL IN DIE BÜSCHE
David Haase: 26-34, außer: Shutterstock: 26/27, 28/29, 20 o. 31, 33 u. (2), 24 o., 35 o. (Hintergründe); Getty Images: 30 o., 33 o., 34 o. (Klebestreifen); PR: 35 (9)
WAS SAGST DU DA?
Minden Pictures/picture alliance: 36; Jean-Louis Klein & Marie-Luce Hubert: 37, 39 o., 39 m. r., 40 o., 42 o., 44 o.; Lars Gustafsson: 38 o., 40 u.; Susanne Schötz: 38 u.; Willi Rolfes: 39 u. r.; Mark Taylor/nature picture library: 39 u. l., 44 u.; Gerard Lacz/Nature in Stock: 43 o.
RINDER IM WALD?
Mario Weigt/Anzenberger: 46 o. l., 52 o.; NP Solling-Vogler: 46/47, 48 o., 49 (2), 50 (2); Ernst Wrba/imageBROKER/Okapia: 48 m. r.; Marcus Siebert/imageBROKER/Okapia: 48 u. r.; Johannes Thiery: 52 m. l.; Angela to Roxel/imageBROKER/Okapia: 52 u. l.; Shutterstock: 46-53; Illustration: Julia Pfaller: 51 o.
WARUM BLOSS KNURRT DER KNURRHAHN?
Illustration: Rainer Harf: 55
AUF DER SPUR!
Tamina-Florentine Zuch: 56-62; Ramon Haindl: 62 m.; Frank Hecker: 63 (4); Shutterstock: 58 l., 61 r., 62 l., 63 r. (Hintergründe); Illustrationen: Rainer Harf: 58 r.; Gerd Ohnesorge aus dem Buch »Tierspuren und Fährten«, Bassermann: 60, 61, 62
DIE SOMMERGÄSTE SIND DA!
Jean-Louis Klein & Marie-Luce Hubert: 66/67; Christoph Ruisz/imageBroker/Okapia: 66; Mrljavica/Shutterstock: 68/69; Andreas Volz: 68, 71 o. l.; Graham Eaton/nature picture library: 69 o. r.; Volker Lautenbach/imageBroker/Okapia: 69 u. l.; Konrad Wothe/Minden Pictures: 69 u. r.; Shutterstock: 69, 72/73, 72/73 (Hintergründe); Franz Christoph Robiller/imageBorker/Okapia: 70; Shutterstock, 70 u.; Hans Reinhard/Okapia: 71 (Hintergrund), 71; Ramon Haindl: 72 o.; Mark Schuurman/Buiten-beeld/Minden Pictures: 73 o.; Illustrationen: Wegweiser durch die Natur/Reader's Digest: 72 u. (6); J. Scholz/ blickwinkel: 72 m. l.; Universal Images Group/Getty Images: 72 m. r.; Shutterstock: 72 o. r., 73 u. r.
KENNEN SIE DEN GLADIATOR DES WALDES?
Illustration: Rainer Harf: 75
WIE DIE NATUR SICH SELBST HEILT
Moment Open/Getty Images: 76; Thekla Ehling: 76 o. l., 81 o. r., 82 o. l., 84 m. l.; Jean-Louis Klein & Marie-Luce Hubert: 77, 79 u. r., 83 o.; Willi Rolfes 78 o., 79 m. l., 79 u. l., 80/81, 80 u. r., 84 o.; Harald Wenzel-Orf/imageBroker/Okapia: 78 u.; Shutterstock 78/79, 82/83, 84 (Hintergründe); Wild Wonders of Europe/nature picture library: 79 o. r.; Deepol by plainpicture: 80 o.; imageBroker/Okapia: 80 u. l.; DigitalVision Vectors/Getty Images: 82 u. l.; Stefan Meyers/Ardea/Okapia: 83 m. r.; Axel Gomille/nature picture library: 83 u. l.
STROM DES LEBENS!
Fotos: Kilian Schönberger: 88 o.; Sandra Bartocha/nature picture library: 89 o. r.; Andreas Volz: 89 u. r. (2); Shutterstock: 88/89, 89 (Hintergründe); Illustrationen: Brigitte Baldrian: 86-89
HIER KOMMT EIN KLEINER KLETTERKÜNSTLER
Jean-Louis Klein & Marie-Luce Hubert: 90-96; Shutterstock: 97 u. (2), 97 o. (Hintergrund); Illustrationen: Lizzie Harper/Science Photo Library: 97 o. l., 97 m. o.; Foto Spring/Okapia: 97 m. o. (2); Ikon Images/imago: 97 o. r.
WARUM FÜHRT SIE BIENEN AN DER NASE HERUM?
Illustration: Rainer Harf: 99
SMARTE ENTDECKUNGEN
Paula Markert: 100 u., 101, 102 u., 103 u., 104 u., 105 o., 106 o.; Martin Hughes-Jones/Flora Press: 100; Sibylle Pietrek/FocusOnGarden/Flora Press: 102; Mart Smit/Nature In Stock/Flora Press: 103; FLPA Images of Natur/Flora Press: 104 o.; Botanical Images/Flora Press: 104 u.; Frédéric Tournay/Flora Press: 105; gartenfoto.at/Flora Press: 106 u. r.; JS Sira/ Flora Press: 106 o. r.; Shutterstock: 106 (Hintergrund); Michel Rauch/BIOSPHOTO/Flora Press: 107 o. l.; A. F. Endress/Flora Press 107 o. r.; Sibylle Pietrek/FocusOnGarden/Flora Press: 108; Ramon Haindl: 108 o. l.; Otmar Diez/Flora Press: 108 o. r.; Screenshots: Carolin Küst: 105 m. r., 107 m. r.
»SIND ZOOS NOCH ZEITGEMÄSS?«
Illustrationen: Julia Pfaller: 110/111
VORSCHAU
Willi Rolfes: 112 o., 113 o. l.; Ramon Haindl: 112 m. l.; A. Hartl/blickwinkel/dpa picture alliance: 112 u. l.; FriedWald GmbH: 112 u. r.; Sascha Montag/Zeitspiegel: 113 o. r.; Jean-Louis Klein & Marie-Luce Hubert: 113 u. r.; Stephan Schulz/imageBroker/Okapia: 113 u. r.; Shutterstock: 112/113 (Hintergrund); Illustration: CCI/Interfoto: 113 m.
SPIELKAMERADEN
Jean-Louis Klein & Marie-Luce Hubert: 114/115
GRAFIKEN unter Lizenz von Shutterstock: 23, 30, 34, 44, 53, 73, 97, 108

Wenn die Natur im *Farbenrausch* entflammt!

Im neuen Heft, ab 27. August 2021

Im September und Oktober ist Brunftzeit: Rothirsche liefern sich zuweilen spektakuläre Kämpfe um die Weibchen

Rothirsche sind ursprünglich echte Steppenbewohner

Methusalem Die Europäische Flussperlmuschel kann mehr als 100 Jahre alt werden

Letzte Ruhe: Immer mehr Menschen möchten in Wäldern bestattet werden, um so nach dem Tod zur Natur zurückzukehren

Kreativität Illustratorinnen erzählen vom Glück, Tiere und Pfanzen in Form detaillierter Zeichnungen auf Papier zu bannen.

Lebensraum Es ist überaus erstaunlich, wie viele Tierarten auf einem einzigen, alten Apfelbaum leben können.

Tanne und Fichte Weshalb findet man die Zapfen mancher Bäume am Waldboden, die anderer jedoch fast nie?

Wolken Sie schweben watteweich in der Luft und speichern doch tonnenweise Wasser. Wolken sind äußerst vielgestaltig und prägen maßgeblich das Wetter

Reisebericht Die Karpaten betören durch wilde Landschaften und bäuerliches Leben

Mehr als

10000

Pilze wachsen in unseren Breiten

Herbstliche Pracht Warum findet man manche Pilze nur unter bestimmten Bäumen? Und wie lassen sich die Essbaren erkennen?

Weitere Themen im nächsten Heft:

Zecken: Mythen und Fakten rund um die Parasiten

Kraken: Von der hohen Intelligenz der Achtarmer

Seehunde: Warum sie einen sensiblen Bart haben

Stachelritter Der Igel ist das einzige heimische Tier mit Stacheln, von denen ein ausgewachsenes Exemplar bis zu 8000 sein Eigen nennen kann. Im Herbst heißt es: einen Unterschlupf finden für den Winterschlaf

Bernstein In dem teils Millionen Jahre alten Harz finden sich mitunter spektakuläre Einschlüsse

Spielkameraden

Die beiden Waschbärkinder scheinen Spaß beim Herumtollen zu haben. Doch Vorsicht: Spielen ist nicht ungefährlich! Wenn man zum Beispiel – noch recht tapsig unterwegs – von einem Ast abrutscht und droht in die Tiefe zu fallen. Weshalb aber ist der Drang zum Spiel so vielen Tieren in die Wiege gelegt? Anstatt Unfug zu treiben, könnten die Kleinen ja auch Besseres tun: etwa Nahrung suchen oder ihre Eltern begleiten. Die Antwort verbirgt sich hinter dem Vergnügen: Im Spiel lernen und üben Jungtiere – es fördert und stärkt sie. Denn durch den spaßigen Zeitvertreib schulen Tiere ihr Verhalten, erkunden die Fähigkeiten des eigenen Körpers, die Eigenarten ihrer Umwelt sowie der Mitlebewesen. Sie trainieren Geschicklichkeit, erproben unter anderem, was sie mit Pfote oder Schwanz so alles anstellen können. Außerdem lernen sie, mit Konflikten umzugehen, sich kooperativ zu zeigen und auf Überraschungen zu reagieren. Spiel ist also – bei Tier und Mensch – nicht nur vergnüglich, sondern wichtige Voraussetzung dafür, sich psychisch wie körperlich gut zu entwickeln und vital zu bleiben.